この問題集の使い

基礎編

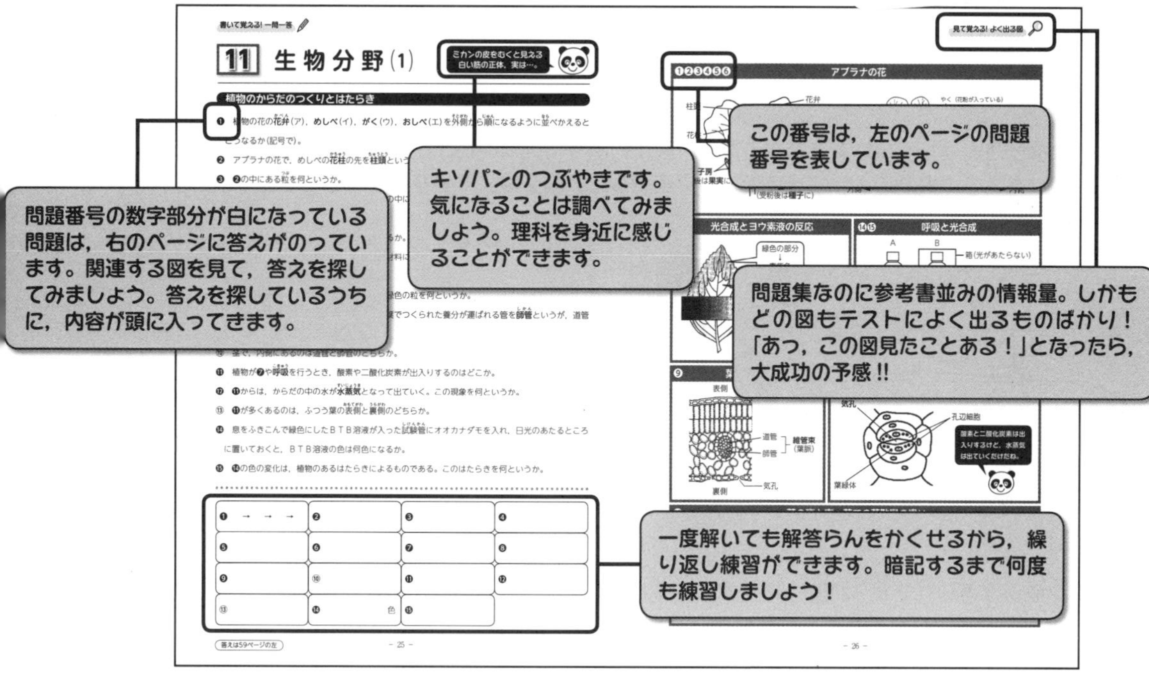

書いて覚える！一問一答
11 生物分野(1)
ミカンの皮をむくと見える白い筋の正体、実は…。
見て覚える！よく出る図
植物のからだのつくりとはたらき
アブラナの花
光合成とヨウ素液の反応
呼吸と光合成
問題番号の数字部分が白になっている問題は，右のページに答えがのっています。関連する図を見て，答えを探してみましょう。答えを探しているうちに，内容が頭に入ってきます。
キソパンのつぶやきです。気になることは調べてみましょう。理科を身近に感じることができます。
この番号は，左のページの問題番号を表しています。
問題集なのに参考書並みの情報量。しかもどの図もテストによく出るものばかり！「あっ，この図見たことある！」となったら，大成功の予感!!
一度解いても解答らんをかくせるから，繰り返し練習ができます。暗記するまで何度も練習しましょう！
答えは59ページの左

応用編

基礎編で暗記した内容を，より実戦に近い形で練習できます。問題文の最後に ページ10 オームの法則 があるときは，10 ページのオームの法則の図に答えやヒントがあります。関連する部分をよく読んで問題を解きましょう。

～使い方の工夫～

ヒントを見ずにできた問題は，問題番号の左に✔をつけましょう。全ての問題に✔がつくまで繰り返しましょう。全ての問題に✔がつけば，理科の基礎は完璧です。

・もくじ・

入試問題に挑戦！

1～23で力をつけてから挑戦しよう。
答えは 63 ページだよ。

1　次の問いに答えなさい。

［令和５年度熊本県公立高・改］

　葵さんと令子さんは，音の性質を調べるため，図１のように，コンピュータにマイクを接続し，モノコードの弦をはじいたときの振動のようすを波形として表示した。図２は，その結果を示したものである。

図１

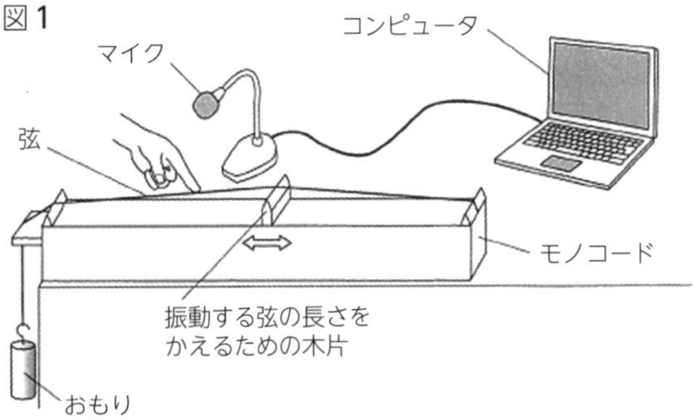

図２

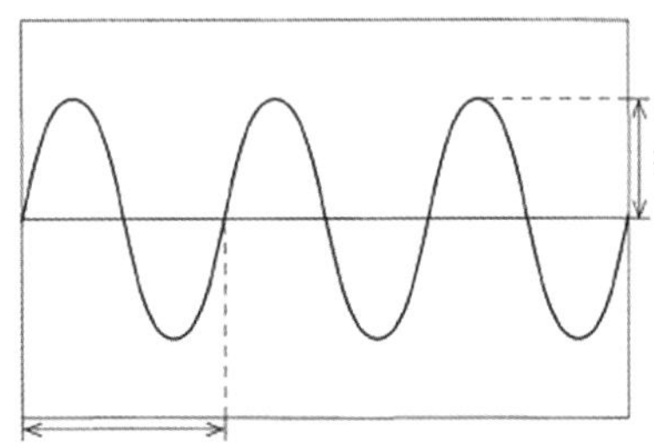

⑴　図２の波形が得られてから時間が経過するにつれて，モノコードの音が小さくなった。音が小さくなったとき，１回の振動にかかる時間は①（**ア**　長くなり　　**イ**　短くなり　　**ウ**　変化せず），振幅は②（**ア**　大きくなる　　**イ**　小さくなる　　**ウ**　変化しない）。

　また，図１の木片を移動させて弦をはじいたとき，モノコードの音が高くなった。音が高くなったとき，振動数は③（**ア**　大きくなる　　**イ**　小さくなる　　**ウ**　変化しない）。

　①～③の（　　）の中からそれぞれ最も適当なものを一つずつ選び，記号で答えなさい。

　次に二人は，図１のモノコードを用いて，はじく弦の太さや長さ，弦を張るおもりの質量をかえ，弦をはじいたときの音の振動数を調べる実験Ⅰ～Ⅳを行った。表は，その結果をまとめたものである。

表

	弦の太さ〔mm〕	弦の長さ〔cm〕	おもりの質量〔g〕	振動数〔Hz〕
実験Ⅰ	0.3	20	800	270
実験Ⅱ	0.3	20	1500	370
実験Ⅲ	0.3	60	1500	125
実験Ⅳ	0.5	20	1500	225

⑵　表において，弦の長さと音の高さの関係を調べるには，［　①　］を比較するとよい。また，弦の太さと音の高さの関係を調べるには，［　②　］を比較するとよい。

　［　①　］，［　②　］に当てはまるものを，次の**ア**～**カ**からそれぞれ一つずつ選び，記号で答えなさい。

ア　実験Ⅰと実験Ⅱ　　**イ**　実験Ⅰと実験Ⅲ　　**ウ**　実験Ⅰと実験Ⅳ
エ　実験Ⅱと実験Ⅲ　　**オ**　実験Ⅱと実験Ⅳ　　**カ**　実験Ⅲと実験Ⅳ

⑶　20cmの長さの弦と1500gのおもりを使って，200Hzの音を出すためには，弦の太さを①（**ア**　0.3mmより細く　　**イ**　0.3mmより太く0.5mmより細く　　**ウ**　0.5mmより太く）する必要がある。また，0.3mmの太さの弦と800gのおもりを使って，150Hzの音を出すためには，弦の長さを②（**ア**　20cmより短く　　**イ**　20cmより長く60cmより短く　　**ウ**　60cmより長く）する必要がある。

　①，②の（　　）の中からそれぞれ最も適当なものを一つずつ選び，記号で答えなさい。

⑴	①	②	③	⑵	①	②	⑶	①	②

2 酸とアルカリの反応に関する実験を行った。あとの問いに答えなさい。

[令和５年度富山県公立高・改]

＜実験＞

㋐　図１のように，試験管**A**～**E**にそれぞれ3.0㎤のうすい塩酸を入れた。それぞれの試験管に，少量の緑色のＢＴＢ溶液を入れてふり混ぜた。この結果，すべての試験管の水溶液は黄色になった。

図１

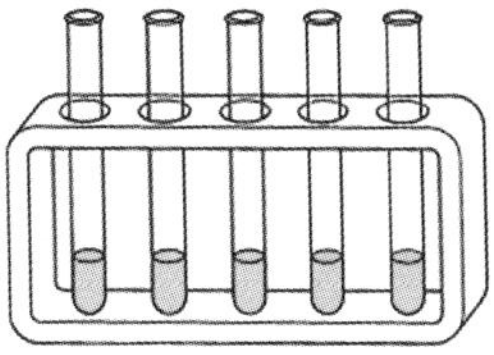

㋑　試験管**B**～**E**にうすい水酸化ナトリウム水溶液をこまごめピペットで加え，ふり混ぜた。表は，それぞれの試験管に加えた水酸化ナトリウム水溶液の体積をまとめたものである。この結果，試験管**C**の水溶液の色は緑色になった。

㋒　㋑の後，試験管**A**～**E**の試験管の水溶液に小さく切ったマグネシウムリボンを入れた。この結果，いくつかの試験管から気体が発生した。

表

試験管	加えた水酸化ナトリウム水溶液の体積〔㎤〕
A	0
B	1.5
C	3.0
D	4.5
E	6.0

(1)　塩酸に水酸化ナトリウム水溶液を加えたときの反応を，化学反応式で書きなさい。

(2)　次の文は，㋑における試験管**B**～**E**の水溶液中のイオンについて説明したものである。文中の空欄（　X　），（　Y　）に適切なことばを書きなさい。

> 試験管**B**～**E**の水溶液では，塩酸の水素イオンと，水酸化ナトリウム水溶液の（　X　）イオンが結びついて，たがいの性質を打ち消しあう。この反応を（　Y　）という。

(3)　図２は，㋐における試験管**B**の水溶液のようすを，水以外について粒子のモデルで表したものである。これを参考に，㋑における試験管**B**の水溶液のようすを表した図として最も適切なものを，次の**ア**～**エ**から１つ選び，記号で答えなさい。なお，ナトリウム原子を●，塩素原子を○，水素原子を◎として表している。また，イオンになっている場合は，帯びている電気をモデルの右上に＋，－をつけて表している。

図２

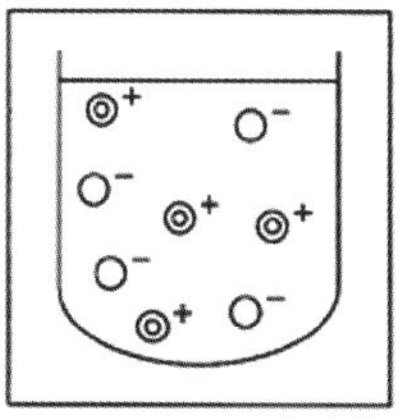

ア

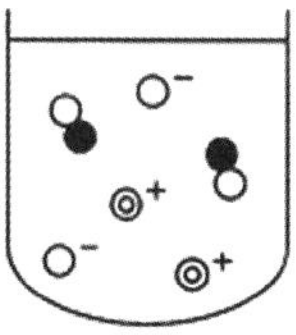

イ

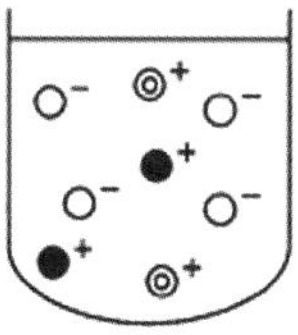

ウ

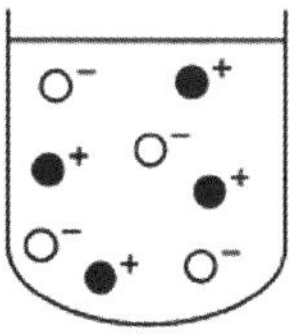

エ

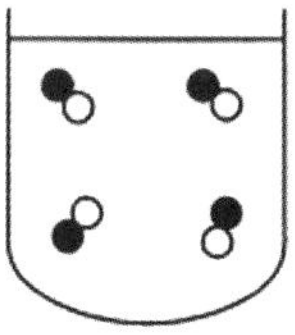

(4)　㋒において，気体が発生する試験管はどれか。試験管**A**～**E**から**すべて**選び，記号で答えなさい。

(1)						
(2)	X	Y	(3)		(4)	

3 次の文を読んで，あとの問いに答えなさい。

［令和５年度長崎県公立高・改］

図は，正面から見たヒトの体内における血液の循環について，模式的に示したものである。

図

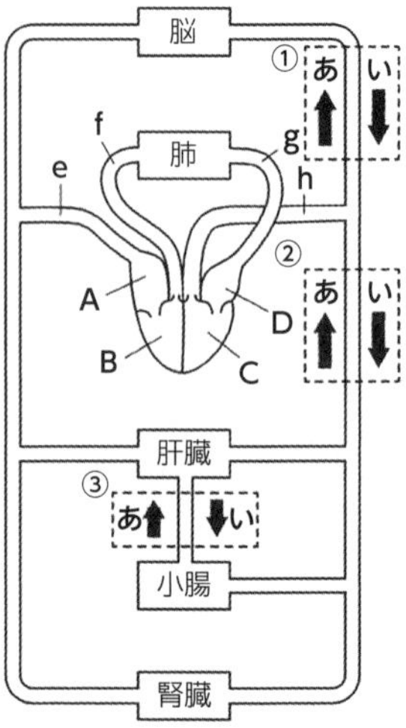

問１ 図のＡ～Ｄは心臓の４つの部分を示している。Ａの部分の名称を答えよ。

問２ 図のｅ～ｈの血管のうち，静脈および静脈血が流れている血管の組み合わせとして最も適当なものは，次のどれか。

	静脈	静脈血が流れている血管
ア	ｅとｇ	ｅとｆ
イ	ｅとｇ	ｇとｈ
ウ	ｆとｈ	ｅとｆ
エ	ｆとｈ	ｇとｈ

問３ 図の①～③の［点線の枠］で囲まれた**あ**，**い**の矢印（➡）は，血液が流れる方向を示している。①～③について，血液が流れる方向として正しいものは，**あ**，**い**のどちらか。それぞれ記号で答えよ。

問４ ヒトの肺への空気の出入りについて説明した次の文の空欄（　Ｘ　），（　Ｙ　）に適する語句を入れ，文を完成せよ。

> ヒトの肺は，（　Ｘ　）と呼ばれる膜の動きや（　Ｙ　）と呼ばれる骨が筋肉によって動くことにより，ふくらんだり縮んだりする。このことにより，肺に空気が吸い込まれたり吐き出されたりする。

問５ ヒトの臓器や血管について説明した文として最も適当なものは，次のどれか。

ア 腎臓では，有害なアンモニアが害の少ない尿素に変えられる。
イ 小腸では，ブドウ糖からグリコーゲンが合成される。
ウ 静脈は動脈よりも血管の壁が厚く，血管内に弁という構造が見られる。
エ 動脈と静脈は毛細血管でつながっている。

問1		問2		問3	①	②	③
問4	X		Y			問5	

4 県内のある場所で月と金星を観察した。1～3の問いに答えなさい。

[令和5年度岐阜県公立高・改]

〔観察1〕 ある日の日の出前に，月と金星を東の空に観察することができた。図1は，そのスケッチである。

〔観察2〕 別の日の日の入り後に，月を観察したところ，月食が見られた。

図1

1 地球のまわりを公転する月のように，惑星のまわりを公転する天体を何というか。言葉で書きなさい。

2 図2は，地球の北極側から見た，地球と月の位置関係と太陽の光を示した模式図である。

(1) 月が公転する向きは図2の**A**，**B**のどちらか。符号で書きなさい。

(2) 観察1で見た月の，地球との位置関係として最も適切なものを，図2の**ア**～**ク**から1つ選び，符号で書きなさい。

(3) 観察2で見た月の，地球との位置関係として最も適切なものを，図2の**ア**～**ク**から1つ選び，符号で書きなさい。

図2

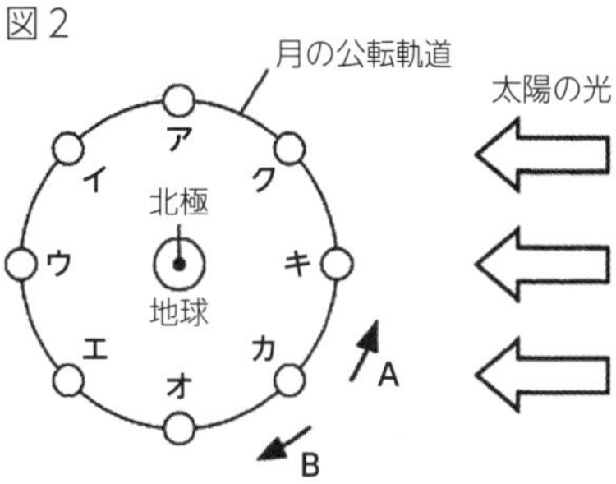

3 図3は，太陽と金星と地球の位置関係を示した模式図である。観察1の結果から，この日の地球から見た金星の位置として最も適切なものを，図3の**ア**～**エ**から1つ選び，符号で書きなさい。

図3

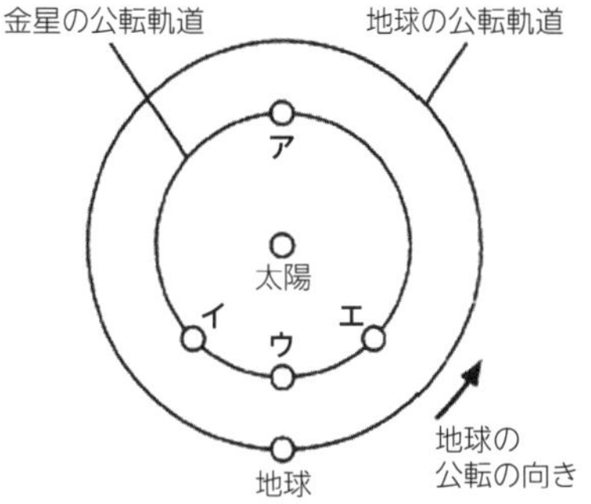

1		2	(1)	(2)	(3)	3	

1 物理分野(1)

光の速さは秒速30万km。
1秒間で地球を約7周半するよ。

光，音

❶ 太陽や電灯のように，自ら光を出すものを何というか。

❷ 光が，鏡や水などの物体にあたり，はね返ることを何というか。

❸ ❷のとき，**入射角**と**反射角**は等しくなるが，この法則を何というか。

❹ 光が，空気中から透明な物体(ガラスや水など)の中へ進むときなど，異なる物体の境界面で折れ曲がって進むことを何というか。

❺ 光が，透明な物体から空気中へ進むとき，入射角が大きくなると，境界面で全部反射して空気中に出てこなくなる現象を何というか。

❻ 凸レンズの軸に平行な光が凸レンズを通ったあとに集まる点を何というか。

❼ 物体が凸レンズの❻より遠くにあるとき，凸レンズを通った光がスクリーン上に集まってできる上下左右が物体と逆向きの像を何というか。

❽ ❶が凸レンズの❻より近くにあるとき，物体の反対側から凸レンズをのぞくと見える上下左右が物体と同じ向きの大きな像を何というか。

❾ **振動**して音を発しているものを何というか。

❿ 空気中で，❾から出た音が耳に届くまでに振動させているものは何か。

⓫ 気温 15℃のとき，音が空気中を伝わる速さは約何 m/s か。

⓬ 大きな音を出すには，振動の幅を大きくすればよい。この振動の幅を何というか。

⓭ 高い音を出すには，1秒間に振動する回数を多く(弦を細く，弦を短く，弦の張りを強く)すればよい。この1秒間に振動する回数を何というか。

⑭ ⓭の単位は何か(アルファベットで)。また，それは何と読むか(カタカナで)。

❶	❷	❸ の法則	❹
❺	❻	❼	❽
❾	❿	⓫ 約 m/s	⓬
⓭	⑭ ・		

答えは58ページの左

❷❸❹❺ 光の反射と屈折，全反射

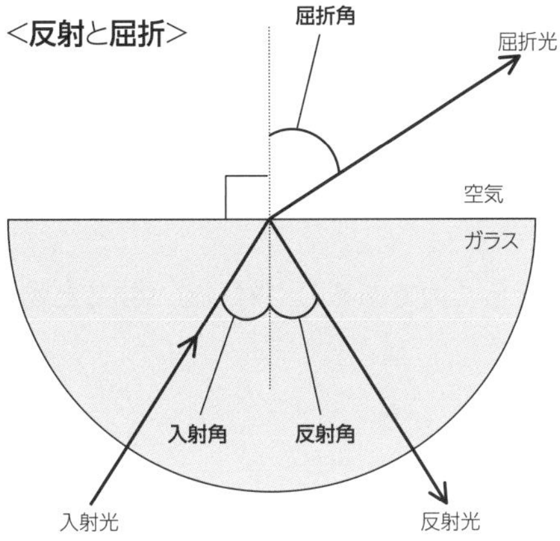

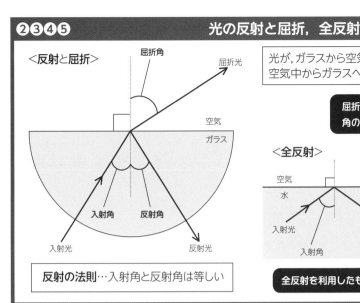

光が，ガラスから空気中へ進むときは屈折角の方が大きく，空気中からガラスへ進むときは入射角の方が大きくなる。

屈折するときは，空気側にできる角の方が大きくなるんだね。

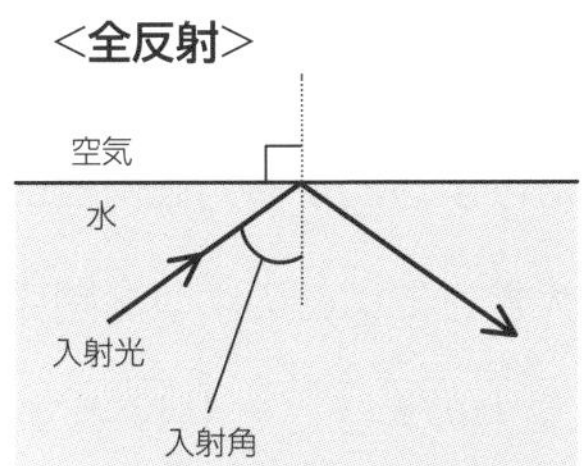

入射角が大きくなると，光が空気中へ出ていかずに水面で全部反射する。

反射の法則…入射角と反射角は等しい

全反射を利用したものに光ファイバーがあるよ。

❶❻❼❽ 凸レンズによる実像と虚像

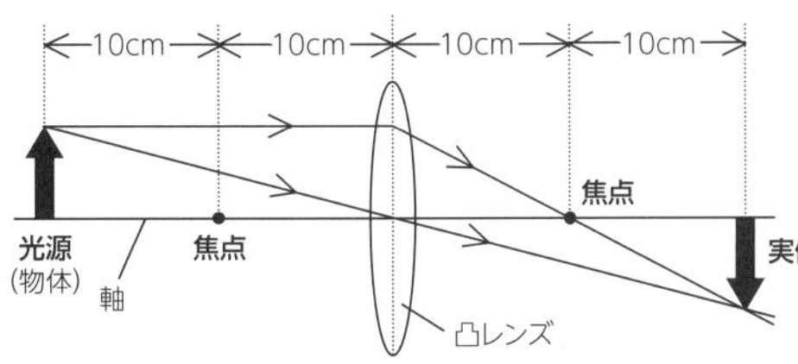

焦点距離の2倍の位置に光源を置くと，反対側の焦点距離の2倍の位置に光源と同じ大きさの実像ができる。

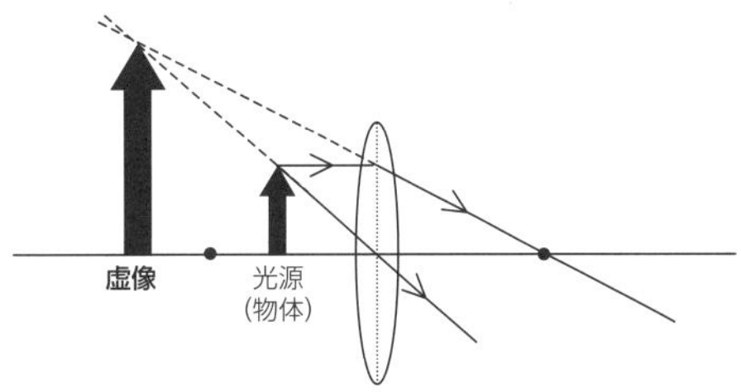

焦点よりも凸レンズに近い位置に光源を置いて，凸レンズを通して見ると，光源よりも大きな虚像が見える。

実像は光源と上下左右が逆，虚像は光源と同じ向きだよ。

❾❿⓬⓭ 音の大小と高低

モノコード(**音源**)から出た音は，**空気**を振動させて伝わる。

<音の波形>…コンピュータやオシロスコープで観察

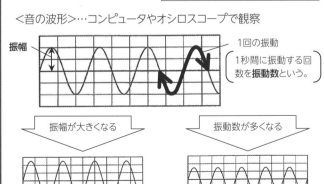

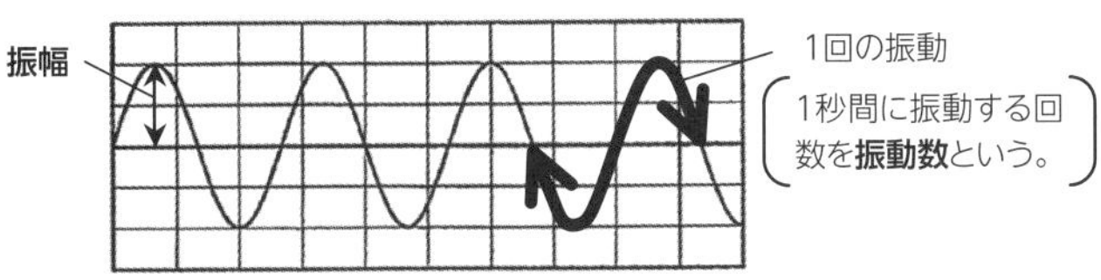

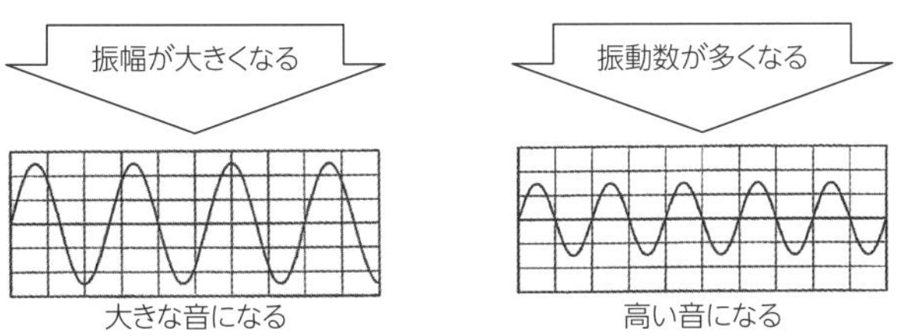

⓫ 音の速さ

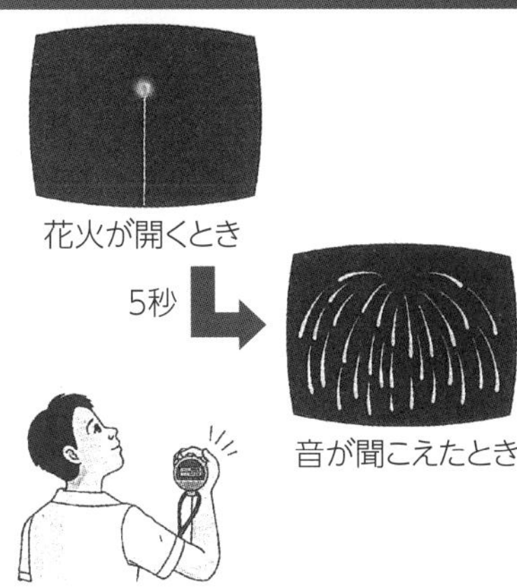

気温15℃での音の速さは約**340m/s**。花火が打ち上げられた場所まで340m/s×5s=1700mだとわかる。

2 物理分野(2)

高い山に登ると，お菓子の袋がパンパンにふくらむよ。

いろいろな力，圧力，水圧と浮力

❶ ゴムやプラスチックだけでなく，金属(きんぞく)や岩石(がんせき)，ガラスなどにもある，変形(へんけい)した物質がもとに戻(もど)ろうとするときに生(しょう)じる力を何というか。

❷ **重力(じゅうりょく)**，**磁力(じりょく)**，**電気の力**は，物体どうしが離(はな)れていてもはたらく力であるのに対して，物体と物体がふれ合うことで動きをさまたげようとする力を何というか。

❸ ばねののびと加(くわ)えた力の大きさにはどのような関係があるか。

④ 100 gの物体にはたらく重力の大きさを**1 N**(ニュートン)とすると，80 gの物体にはたらく重力は何Nか。

⑤ 2.5 Nの力で 1.4㎝のびるばねに，7.5 Nの力を加えたときののびは何㎝か。

❻ 一定(いってい)面積(1 m^2)あたりの面を垂直(すいちょく)に押(お)す力の大きさを何というか。

⑦ 2 m^2の面に 60 Nの力がはたらくとき，この面にはたらく❻の大きさは何**Pa**(パスカル)か。

[❻(Pa) = $\dfrac{\textbf{力の大きさ(N)}}{\textbf{力を受ける面積}(\mathrm{m^2})}$]

⑧ ❻の大きさは，はたらく力が大きくなると，どうなるか。

⑨ ❻の大きさは，力を受ける面積が大きくなると，どうなるか。

❿ 空気の重さによる❻を何というか。

⓫ ❿が大きいのは海面(かいめん)と富士山の山頂(さんちょう)のどちらか。

⓬ 水の重さによる❻を**水圧(すいあつ)**という。水圧の大きさは，水中で物体が深(ふか)いところにあるほど，どうなるか。

⓭ 水中にある物体は，物体の上面(じょうめん)にはたらく水圧と物体の下面(かめん)にはたらく水圧の差(さ)により，上向きの力を受ける。この力を何というか。

⓮ 物体にはたらく重力が⓭と等しいとき，その物体を水に入れるとどうなるか。

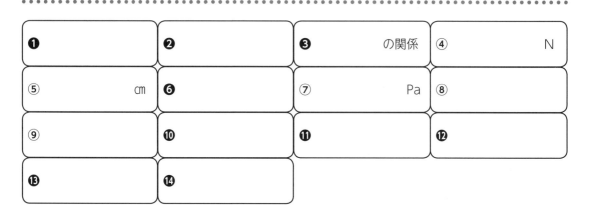

❶	❷	❸ の関係	④ N
⑤ ㎝	❻	⑦ Pa	⑧
⑨	❿	⓫	⓬
⓭	⓮		

答えは58ページの左

❶❷ いろいろな力

<弾性力(弾性の力)>

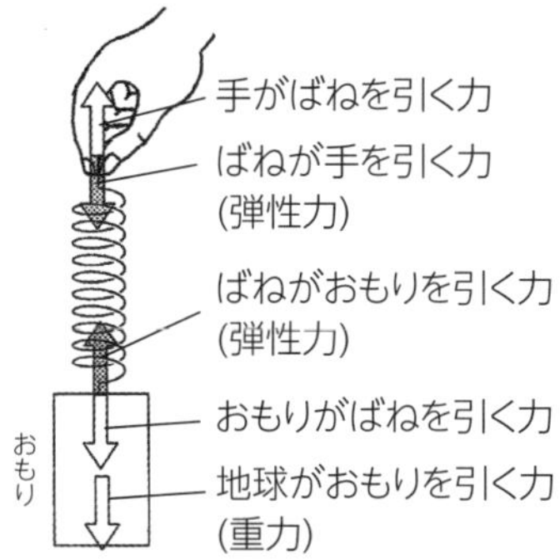

<磁力(磁石の力)>

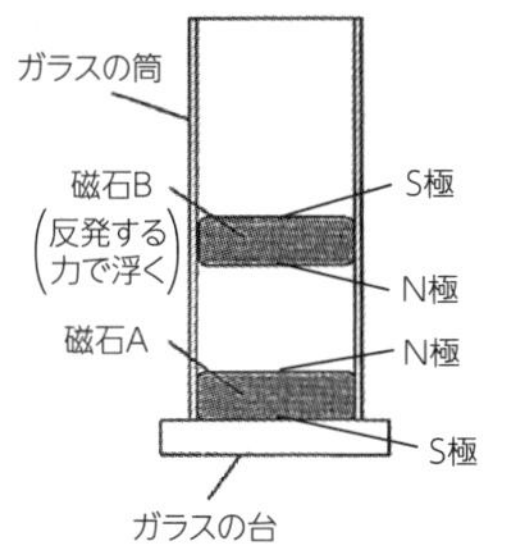

<摩擦力(摩擦の力)>

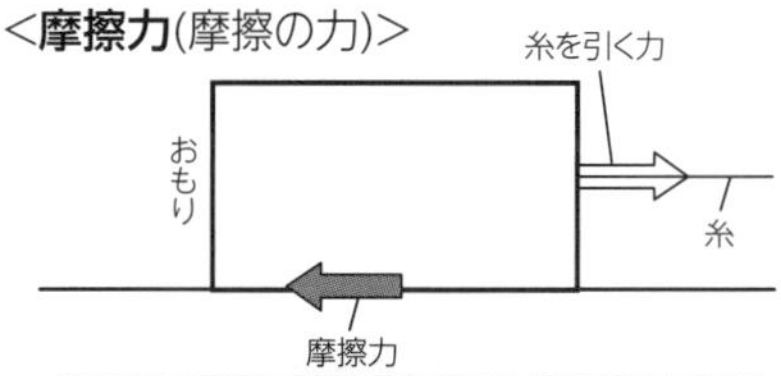

重力や磁力は物体どうしが離れていてもはたらくけど，摩擦力は物体どうしがふれ合っていないとはたらかないんだね。

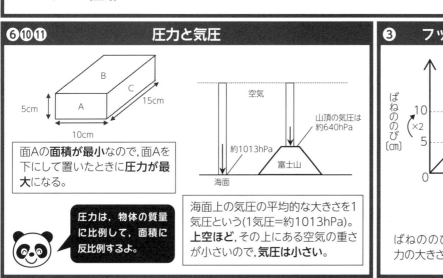

❻❿⓫ 圧力と気圧

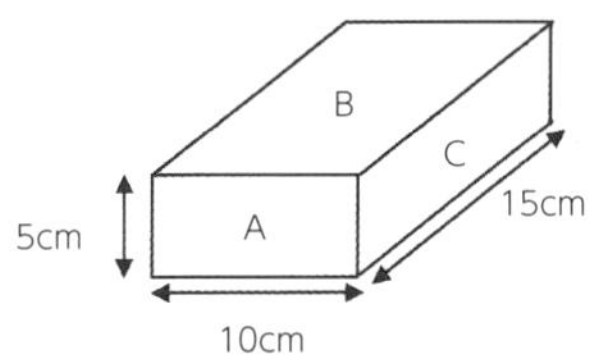

面Aの**面積が最小**なので，面Aを下にして置いたときに**圧力が最大**になる。

圧力は，物体の質量に比例して，面積に反比例するよ。

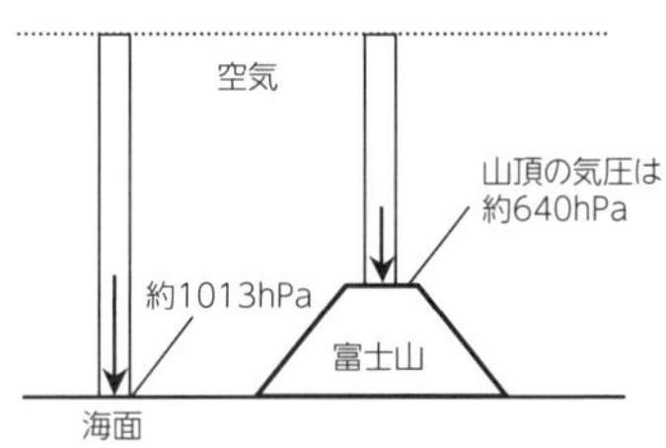

海面上の気圧の平均的な大きさを1気圧という(1気圧=約1013hPa)。**上空ほど**，その上にある空気の重さが小さいので，**気圧は小さい**。

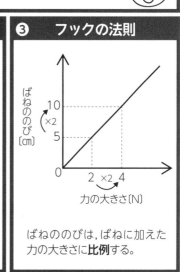

❸ フックの法則

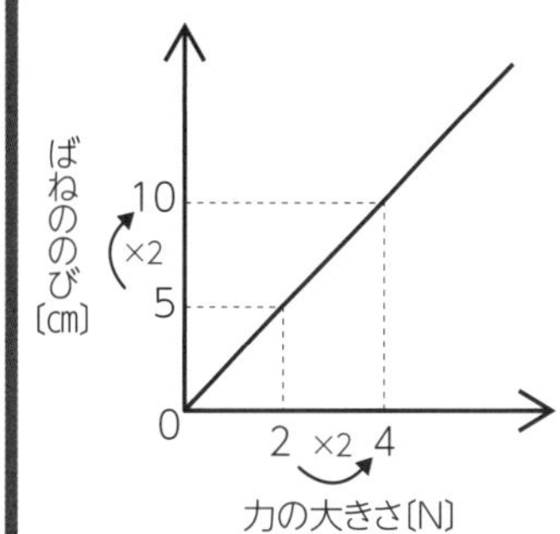

ばねののびは，ばねに加えた力の大きさに**比例**する。

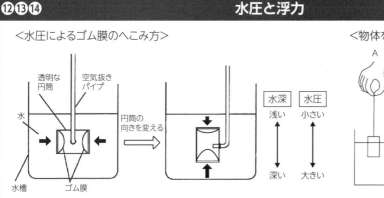

⓬⓭⓮ 水圧と浮力

<水圧によるゴム膜のへこみ方>

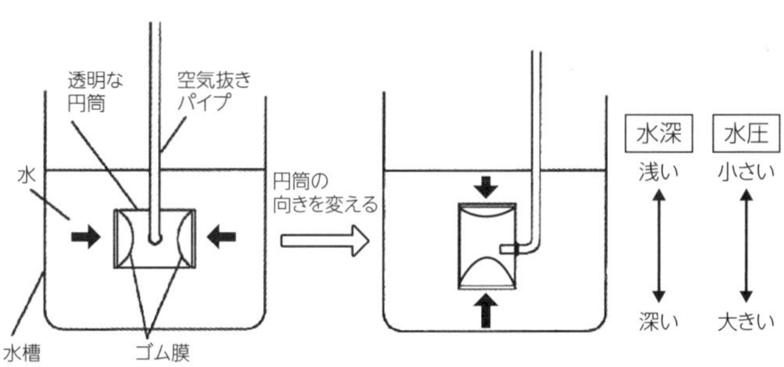

水圧は，気圧と同じように**あらゆる向き**にはたらく。物体の側面にはたらく水圧は左右で打ち消し合い，上面にはたらく下向きの水圧よりも下面にはたらく上向きの水圧の方が大きいため，その差の分だけ物体は上向きの力を受ける。この力を**浮力**という。

物体にはたらく重力と，物体にはたらく浮力が等しくなると，その物体は水に浮くよ。

<物体を沈めた深さと浮力の大きさ>

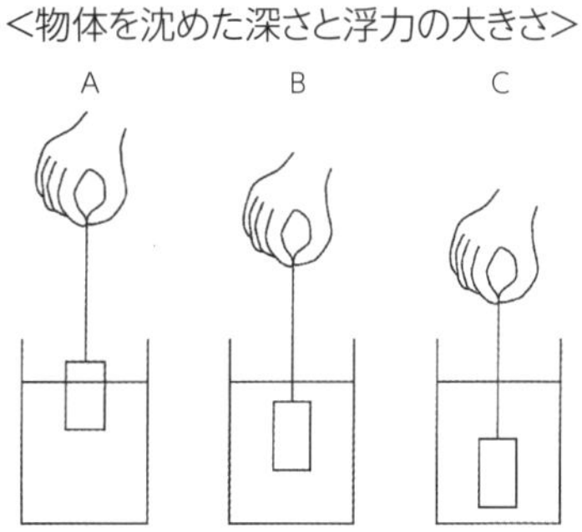

物体がすべて水に沈んでからは，それ以上物体を深く沈めても浮力の大きさは変わらない。上図A～Cで物体にはたらく浮力の大きさの関係を式で表すとA<B=Cとなる。

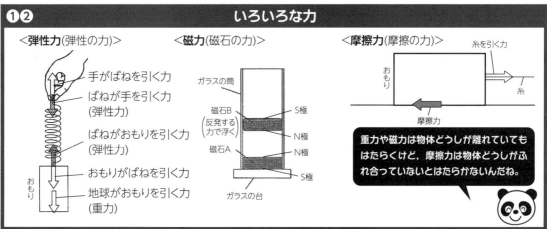

3 物理分野(3)

家庭では，電気器具が並列つなぎになっているよ。

回路と電流

① 電流(でんりゅう)が流れる物質を**導体**(どうたい)というが，電流が流れない物質を何というか。

❷ 電流が流れる道すじのことを何というか。

❸ 電流が流れる向きは何極(きょく)から何極か。

❹ 電流の流れる道すじが一つの輪(わ)になるつなぎ方を何つなぎというか。

❺ ❹になるようにつながれた豆電球や**電熱線**(でんねつせん)に流れる電流の大きさはどのような関係か。

❻ 電流の流れる道すじが途中(とちゅう)で分かれるようなつなぎ方を何つなぎというか。

❼ ❻になるようにつながれた豆電球や電熱線にかかる電圧(でんあつ)の大きさはどのような関係か。

❽ 豆電球や電熱線に流れる電流と電圧には比例(ひれい)の関係がある。この法則を何というか。

❾ 電流の流れにくさを何というか。

❿ 電気器具(きぐ)にかかる電圧と流れる電流の積(せき)で求められる，１秒あたりに使う電気エネルギーの量を何というか。また，その単位は何か(アルファベットで)。

⑪ 電熱線の**発熱量**(はつねつりょう)は，❿と時間に比例する。５ワットの❿で１分間電流を流したときの発熱量は何J(ジュール)か。〔**発熱量(J)＝❿×秒(s)**〕

⑫ 異なる種類(しゅるい)の物質をこすり合わせたときに発生する電気を何というか。

⑬ 異なる種類の電気をおびた物体どうしは，引き合うか，反発(はんぱつ)するか。

⓮ 気圧(きあつ)を低くした空間に電流が流れる現象(げんしょう)を何というか。

⓯ **クルックス管**(かん)に見られる**電子線**(でんしせん)(陰極線)をつくっている小さな粒子(りゅうし)を何というか。

⓰ ⓯の粒子が移動する向きは何極から何極か。

①	❷	❸ 極から 極	❹ つなぎ
❺	❻ つなぎ	❼	❽ の法則
❾	❿ ・	⑪ J	⑫
⑬	⓮	⓯	⓰ 極から 極

答えは58ページの左

❷❸❹❺ 直列回路

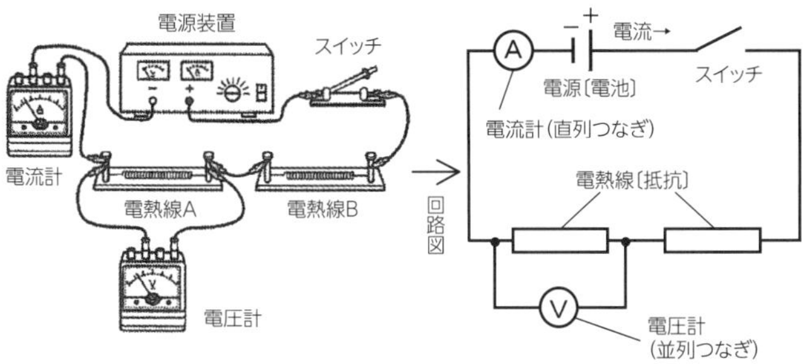

<電熱線2つを**直列**につないだとき>

- 各電熱線を流れる**電流は等しい。**
- 各電熱線にかかる電圧の和は，電源の電圧と等しい。
- 各電熱線の抵抗の和が，回路全体の抵抗となる。

電流の大きさをI，電圧の大きさをV，抵抗の大きさをRとしたとき，電熱線A，Bについて関係をまとめると，次のようになる。

<直列回路>

$I_A = I_B = I_{全体}$　　$V_A + V_B = V_{全体}$

$R_A + R_B = R_{全体}$

<並列回路>

$I_A + I_B = I_{全体}$　　$V_A = V_B = V_{全体}$

$\frac{1}{R_A} + \frac{1}{R_B} = \frac{1}{R_{全体}}$

❻❼ 並列回路

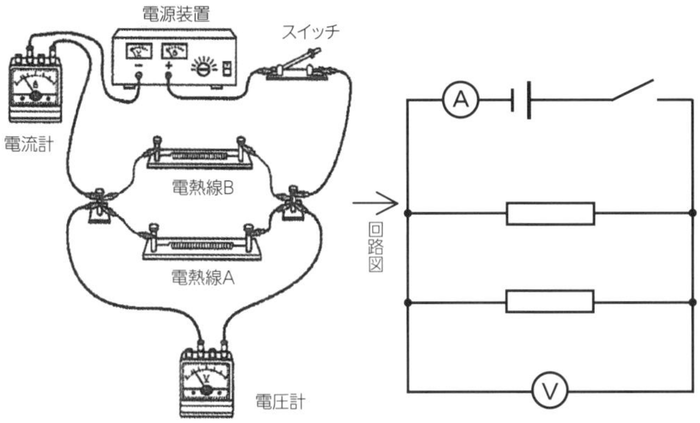

<電熱線2つを**並列**につないだとき>

- 各電熱線を流れる電流の和は，電源を流れる電流と等しい。
- 各電熱線の**電圧は電源の電圧と等しい。**
- 回路全体の抵抗は，各電熱線の抵抗よりも小さい。

❽❾ オームの法則

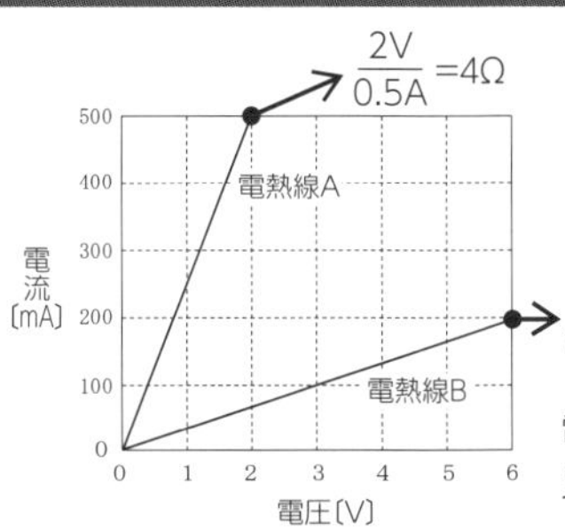

mAはAに直してから計算しよう。1000mAは1Aだよ。

電熱線を流れる電流は，電圧に比例する(**オームの法則**)。

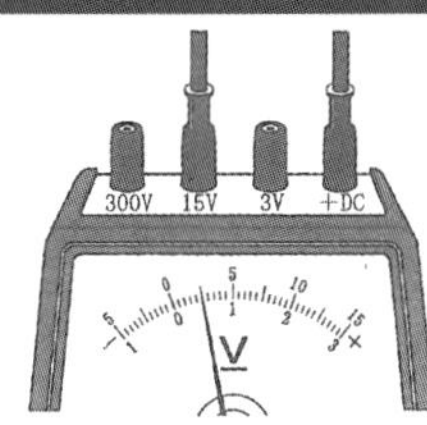

電圧計の一端子が15Vのとき，1目もりは0.5Vである。

❿ 電力と水の温度上昇

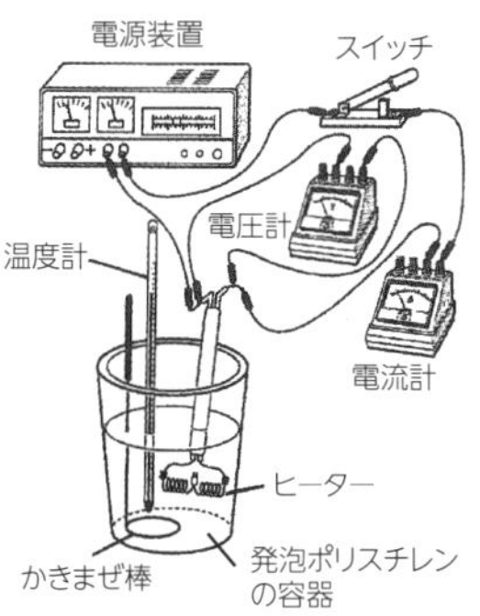

- **電力(W)**＝電圧(V)×電流(A)
- **発熱量〔電力量〕(J)**＝電力(W)×秒(s)

電圧の大きさを2倍にすると，電流の大きさも2倍になるから，電力の大きさは4倍になるよ。

⓮⓯⓰ 真空放電と電子線

<直進する電子線>

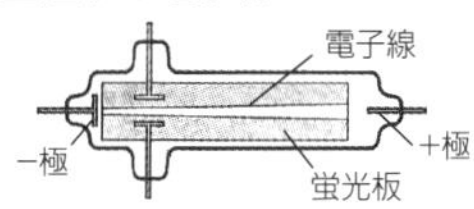

<電圧を加えて曲げた電子線>

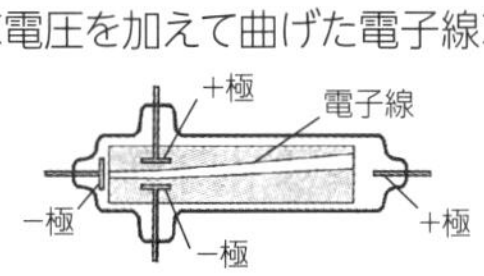

電子線の正体は，**－極から＋極**に向かう**電子**の流れである。

4 物理分野(4)

地球は，北極がS極，南極がN極の大きな磁石だよ。

電流とその利用

❶ 磁石による力を**磁力**というが，磁力がはたらく空間を何というか。

❷ ❶の向きは何極から何極か。

❸ コイルに鉄心を入れ，電流を流すことで電磁石ができる。

ア．電磁石の磁力を強くするには，コイルの巻き数をどのようにしたらよいか。

イ．電磁石のまわりの❶の向きを逆にするには，電流の向きをどのようにしたらよいか。

❹ 磁石の❶の中でコイルに電流を流すと，電流は❶から力を受けるが，この力の向きを決めるのは何と何の向きか。

❺ コイルは電源につながなくても，磁石を近づけたり遠ざけたりすると，コイルのまわりの❶が変化することで電流が流れるが，この現象を何というか。

❻ ❺のときに流れる電流を何というか。

⑦ コイルの上から磁石のN極を近づけたとき，検流計の針が左に振れた。

ア．コイルの上から磁石のN極を遠ざけると，検流計の針は右と左のどちらに振れるか。

イ．コイルの上から磁石のS極を遠ざけると，検流計の針は右と左のどちらに振れるか。

❽ ❻の強さは，コイルの巻き数を多くしたり，磁力の強い磁石を使ったりすることで強くすることができるが，他に磁石の動きをどのようにすればよいか。

❾ コイルに磁石を近づけたり遠ざけたりすることで，❻は向きや強さが変わる。このように，電流の向きや強さが周期的に入れかわる電流を何というか。

❿ ❾とは逆に，＋極と－極が決まっていて，一定の向きに，一定の大きさで流れる電流を何というか。

❶	❷ 極から 極	❸ア.	❸イ.
❹ と	❺	❻	⑦ア.
⑦イ.	❽	❾	❿

答えは58ページの左

❶❷ 棒磁石のまわりの磁界

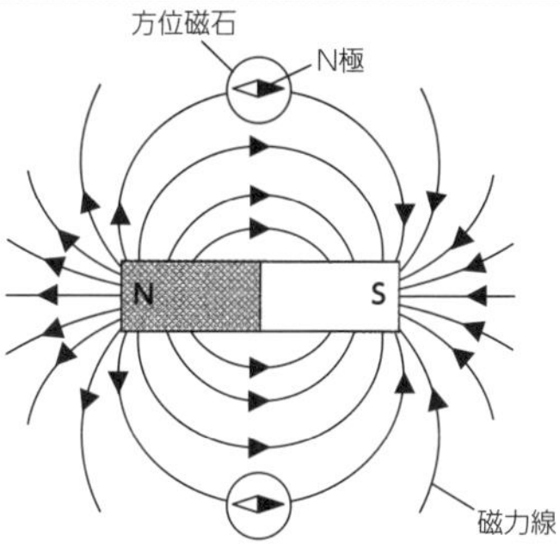

- **磁界**の向きは**N極からS極**。
- 極に近いほど，磁力は強い。

導線のまわりの磁界

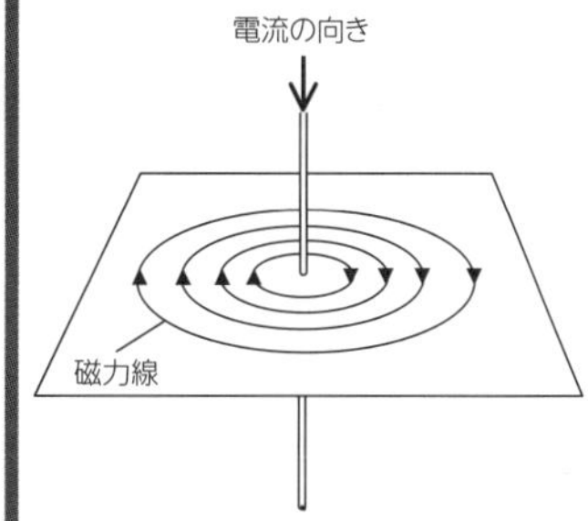

導線に電流を流すと，導線のまわりに同心円状の磁界ができる。

❸ コイルのまわりの磁界

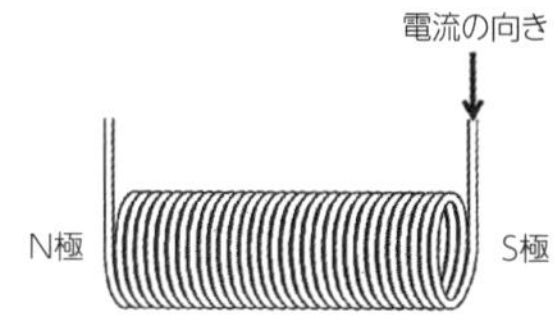

- コイルに電流を流すと，棒磁石のまわりと同じような磁界ができる。
- **電流の向きを逆**にすると，磁界の向きが逆になる。
- **電流を強く**し，コイルの**巻き数を多く**すると，磁力が強くなる。

導線のまわりの磁界の向きは右ねじの法則，コイルのまわりの磁界の向きは右手の法則で決められるよ。

❹ 電流が磁界から受ける力

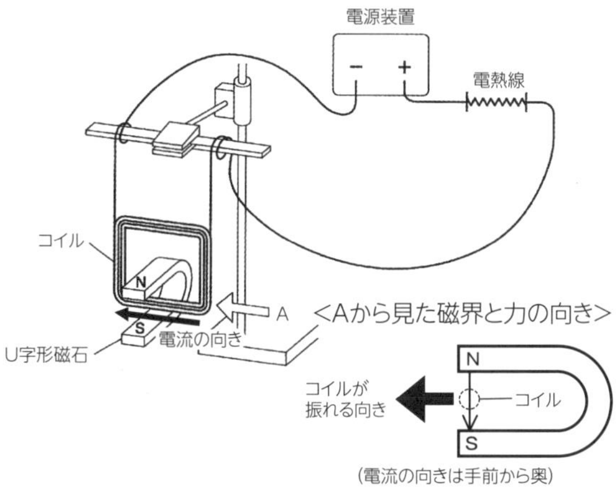

電流の向きか**磁界の向き**の**一方を逆**にすると，力の向きが逆になる。	**電流を強く**したり，**磁力の強い**磁石にしたりすると，力の大きさも大きくなる。

モーター(電動機)のしくみ

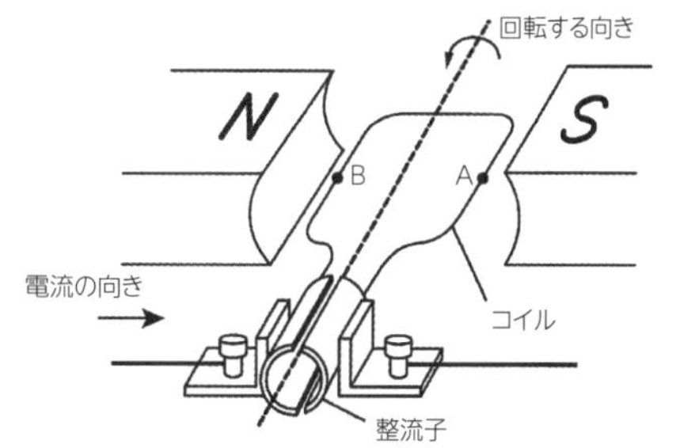

- A点では上向き，B点では下向きの力を受けることで回転する。
- 整流子のはたらきにより，磁界の中の電流の向きが常に同じになるため，同じ方向に回転し続ける。

モーターは，電流が磁界から受ける力を利用した装置だよ。

❺❻❽ 電磁誘導

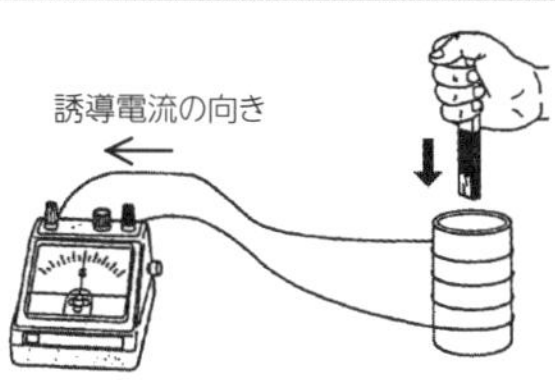

- 棒磁石の極の向きや動きによって**誘導電流**の向きが決まる。
- 棒磁石を**速く動かす**ことで，誘導電流を強くすることができる。

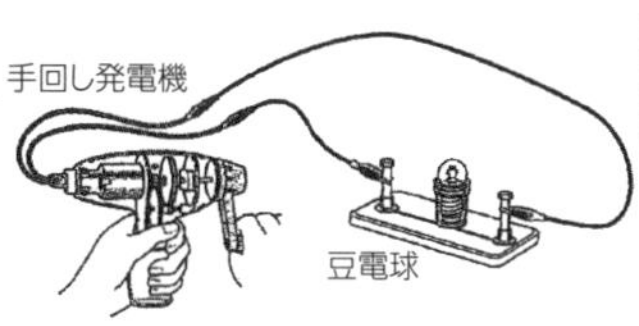

手回し発電機は，電磁誘導を利用した装置だよ。

❾❿ 直流と交流

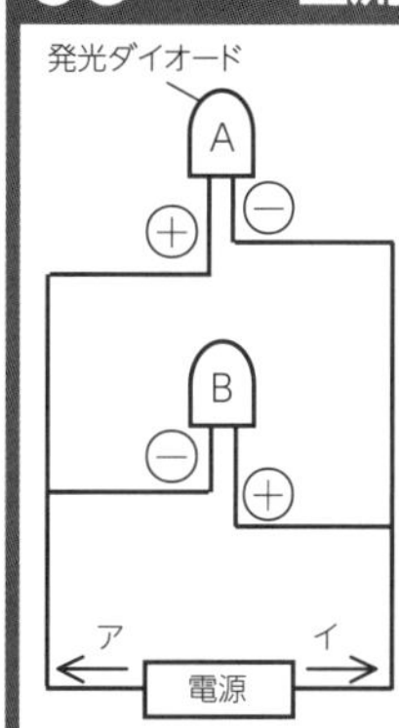

- アの向きに電流が流れるとAが光る。
- イの向きに電流が流れるとBが光る。
- **直流電流**を流すと，電流の向きによってAかBのどちらか一方が光り続ける。
- **交流電流**を流すと，AとBが交互に光る。

5 物理分野(5)

力のつり合い，運動

① 2つの力がはたらいている物体が静止して動かないとき，その2力はどうなっているか。

② ①の状態になるには，3つの条件がある。2つの力が**同じ大きさであること**と**反対向きであること**と，あともう1つは何か。

❸ 1つの物体にはたらく2つの力をこの2力と同じはたらきをする1つの力におきかえることを力の合成というが，合成した力を何というか。

❹ 1つの力をそれと同じはたらきをする2つの力に分けることを力の分解というが，分解されたそれぞれの力を何というか。

⑤ 新幹線「のぞみ」号が，東京・博多間の約1100kmをおよそ5時間で走ったときの**平均の速さ**は何km /h か。［**速さ(m/s)** $= \dfrac{\textbf{距離(m)}}{\textbf{秒(s)}}$，**速さ(km /h)** $= \dfrac{\textbf{距離(km)}}{\textbf{時間(h)}}$ など］

❻ ごく短い時間に移動した距離をその時間で割って求めた速さを何というか。

❼ 1秒間に60回打点する**記録タイマー**では，何秒ごとに打点されるか(分数で)。

❽ 1秒間に60回打点する記録タイマーでは，**6打点**ごとに切ったテープは何秒間の運動のようすを表すか。

❾ 記録テープの打点の間隔が等しいときに物体がしている運動を何というか。

❿ ❾をするのは，物体がもつある性質によるものである。この性質を何というか。

⓫ **摩擦力**などがはたらき，速さがだんだん遅くなるとき，記録テープの打点の間隔はどうなるか。

⓬ 斜面を下る物体には重力の**斜面に平行な❹**がはたらく。この❹の大きさは斜面を下るにしたがって変化するか。

⓭ 2つの物体の間で一対になってはたらく，加えた力と受けた力を何というか。

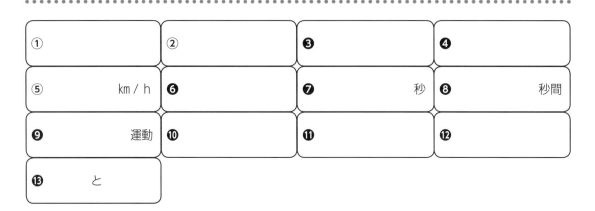

①	②	❸	❹
⑤ km / h	❻	❼ 秒	❽ 秒間
❾ 運動	❿	⓫	⓬
⓭ と			

答えは58ページの右

③④⑫ 力の合成，分解

<力の合成>

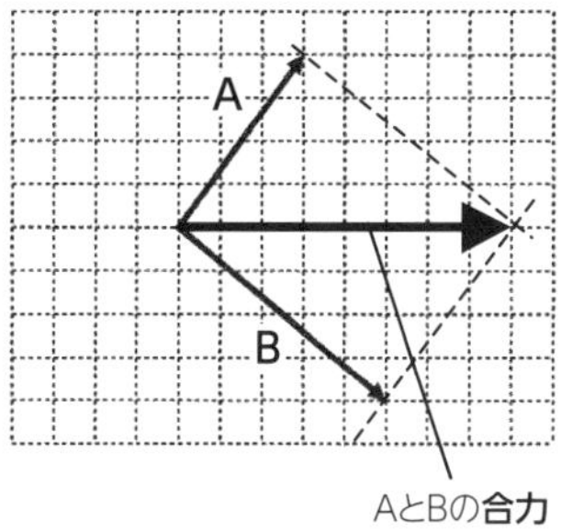

<力の分解>

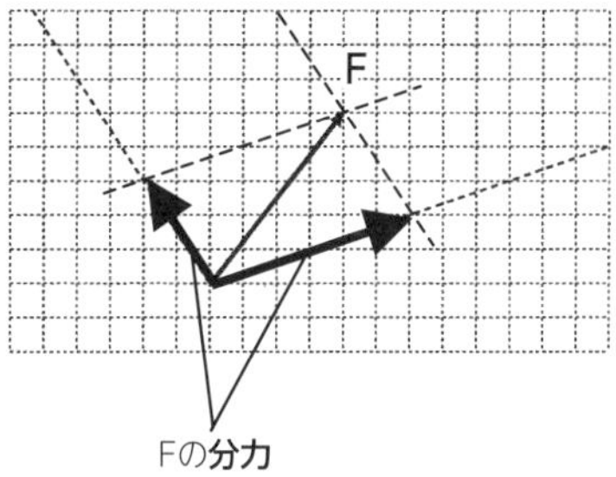

<重力の分解>

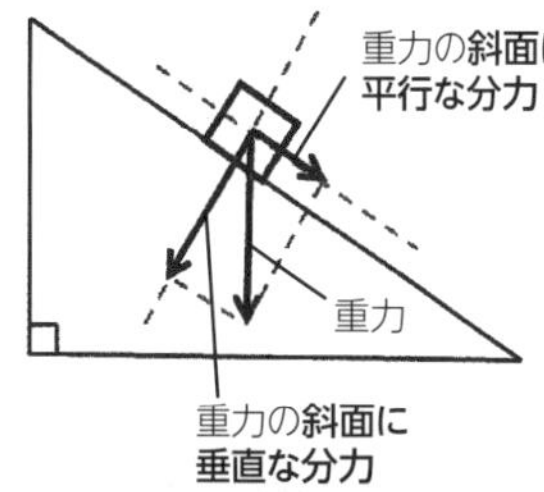

斜面に平行な分力の大きさは，物体にはたらく重力と斜面の角度によって決まるから，同じ斜面上を運動しているときは変化しないよ。

ある2力の合力は，その2力を平行四辺形のとなりあう2辺としたときの対角線で表すことができる。また，ある力の分力は，その力を対角線とする平行四辺形のとなりあう2辺で表すことができる。

⑥⑦⑧⑨⑩ 記録タイマーと記録テープ

なめらかな水平面上では，台車がもつ**慣性**により**等速直線運動**をする。

重力の斜面に平行な分力がはたらき，**だんだん速く**なる。

斜面を上るときは，速さがだんだん遅くなったね。

<記録テープ(等速直線運動をしているとき)>
(1秒間に60回打点する記録タイマーで記録。打点の間隔は等しい。)

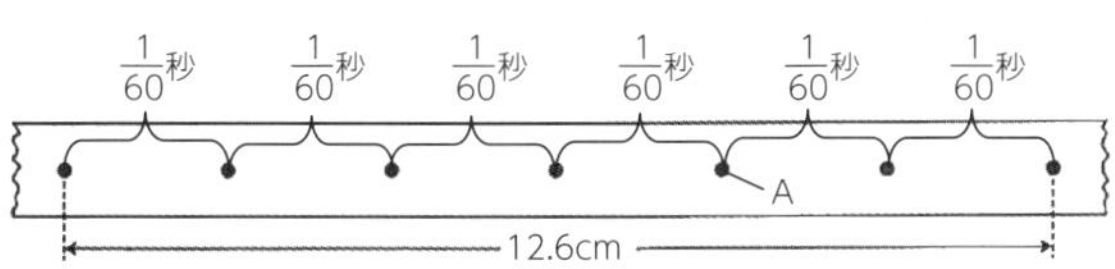

12.6㎝(**6打点**)進むのに$\frac{1}{60}$秒×6=**0.1秒**かかる。このときの**平均の速さ**は12.6㎝÷0.1s=126㎝/sである。また，点Aを打点したときの**瞬間の速さ**も126㎝/sである。

⑬ 作用・反作用

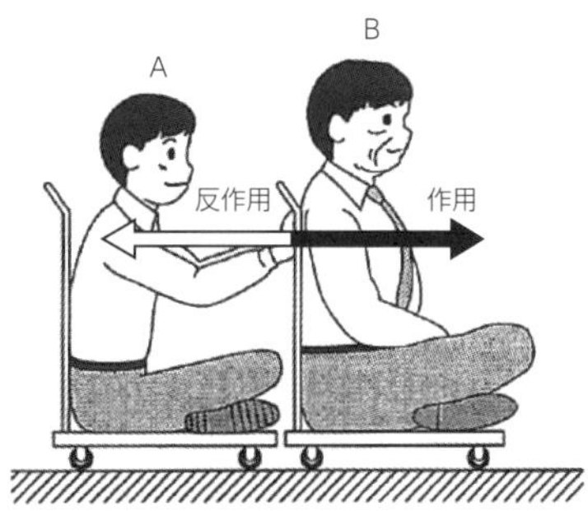

上図のようにAがBを押すと，AはBから同じ大きさで逆向きの力を受ける。このとき，AがBに加えた力を**作用**，BがAにおよぼす力を**反作用**という。

⑪ 記録テープと運動のようす

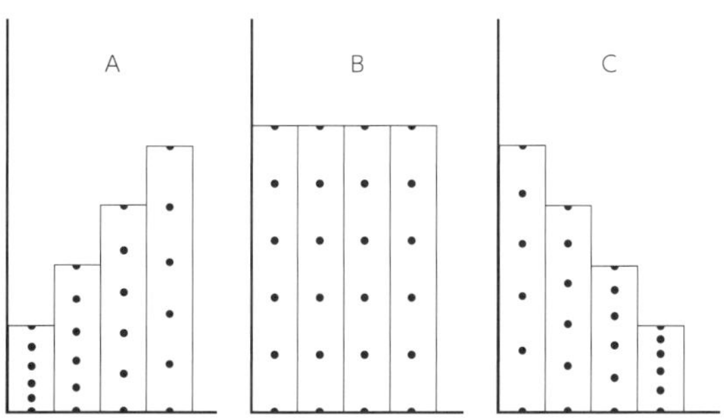

A：打点の間隔が**広く**なる⇒速さが**速く**なる運動

B：打点の間隔が**等しい**⇒**等速直線運動**

C：打点の間隔が**せまく**なる⇒速さが**遅く**なる運動

物体の進行方向と同じ向きに力がはたらくと速くなり，逆向きに力がはたらくと遅くなるよ。物体の進行方向に力がはたらかないと等速直線運動をするよ。

6 物理分野(6)

ジェットコースターって楽しいよね。

仕事・エネルギー

※計算問題では，100 gの物体にはたらく重力の大きさを1N(ニュートン)とする。

❶ 500 gの物体を持ち上げるときに必要(ひつよう)な力の大きさは何Nか。

❷ 500 gの物体を**定滑車**(ていかっしゃ)を使って5mの高さまで持ち上げたときの**仕事**(しごと)は何J(ジュール)か。

〔仕事(J)＝力の大きさ(N)×力の向きに動いた距離(m)〕

❸ 500 gの物体を**動滑車**(どうかっしゃ)で5mの高さまで持ち上げるとき，動滑車にかかったひもを引く長さは何mか。

❹ ❸のときに，ひもを引く力は何Nか。

❺ ❷～❹からわかる通り，定滑車や動滑車，またその他の道具を使っても仕事の大きさは変化しない。この決まりを何というか。

❻ 一定時間(秒)にどれだけの仕事をするかという割合(わりあい)のことを何というか。

❼ 500 gの物体を25秒間で5mの高さまで持ち上げたときの❻は何W(ワット)か。［❻(W)＝$\frac{仕事(J)}{秒(s)}$］

⑧ ある物体を同じ高さで持ち上げたまま50m歩くとき，仕事をしているか。

❾ 高いところにある物体は，落下(らっか)させるとその下にある物体に対して仕事をすることができる。このように高いところにある物体がもつエネルギーを何というか。

❿ ❾は，物体の高さや質量とどのような関係にあるか。

⓫ 運動している物体がもつエネルギーを何というか。

⓬ ⓫は，物体の速さが同じとき，物体の質量とどのような関係にあるか。

⓭ ❾と⓫の和(わ)を何というか。

⓮ エネルギーが移(うつ)り変わっても，⓭が常(つね)に一定になることを何というか。

❶ N	❷ J	❸ m	❹ N
❺	❻	❼ W	⑧
❾ エネルギー	❿ の関係	⓫ エネルギー	⓬ の関係
⓭ エネルギー	⓮		

答えは58ページの右

❶❷❸❹❻❼ 滑車を使った仕事と仕事率

<**定滑車**を使った仕事>

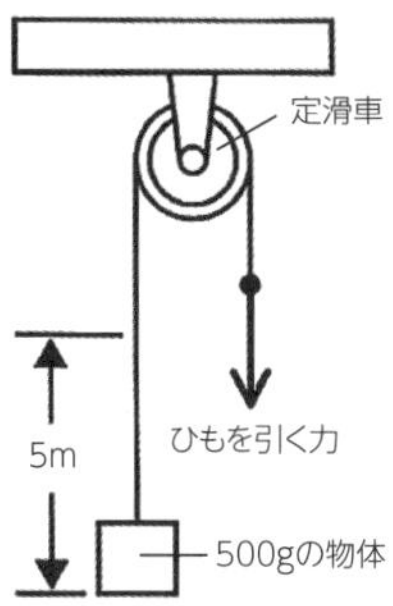

<**動滑車**を使った仕事>

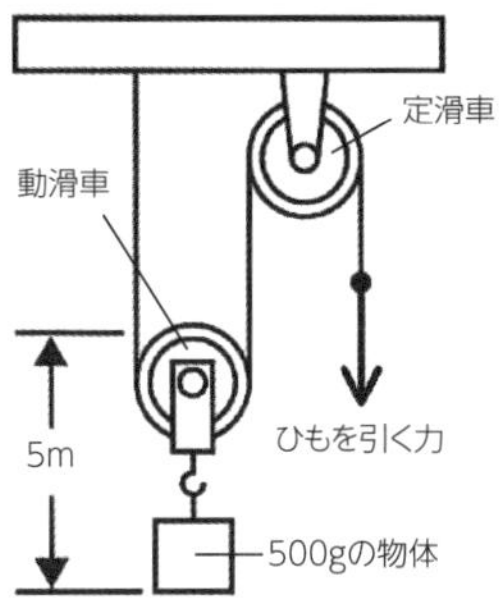

定滑車…ひもを引く力と引き上げる距離は直接持ち上げるときと同じ

5N×5m=**25J**

動滑車…ひもを引く力は物体にはたらく重力の**半分**で，引き上げる距離は直接持ち上げるときの**2倍**

2.5N×10m=**25J**

この仕事を25秒でしたときの仕事率は $\frac{25\,\mathrm{J}}{25\,\mathrm{s}}$ = 1 W だよ。

❺ 斜面やてこを使った仕事と仕事の原理

<**30°の斜面**>

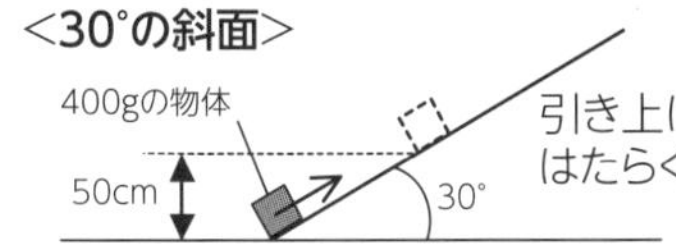

引き上げる力は物体にはたらく重力の**半分**(2N)

引き上げる距離は持ち上げたい高さの**2倍**(1m)

斜面上を引き上げるとき：2N×1m=**2J**
直接持ち上げるとき：4N×0.5m=**2J**

<両端から支点までの距離の比が**1：2**となる**てこ**>

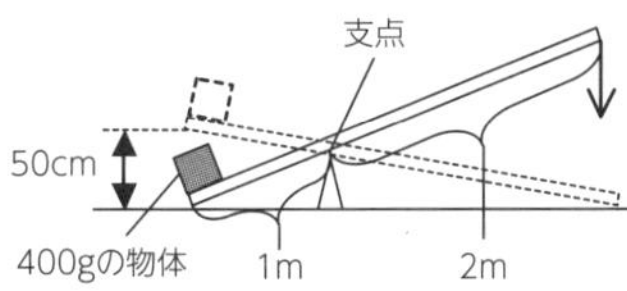

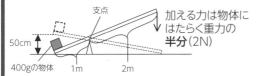

加える力は物体にはたらく重力の**半分**(2N)

力を加える距離は持ち上げたい高さの**2倍**(1m)

てこを使って持ち上げるとき：2N×1m=**2J**
直接持ち上げるとき：4N×0.5m=**2J**

道具を使っても仕事の大きさは変化しないね。このことを仕事の原理というよ。

振り子の運動とエネルギーの移り変わり

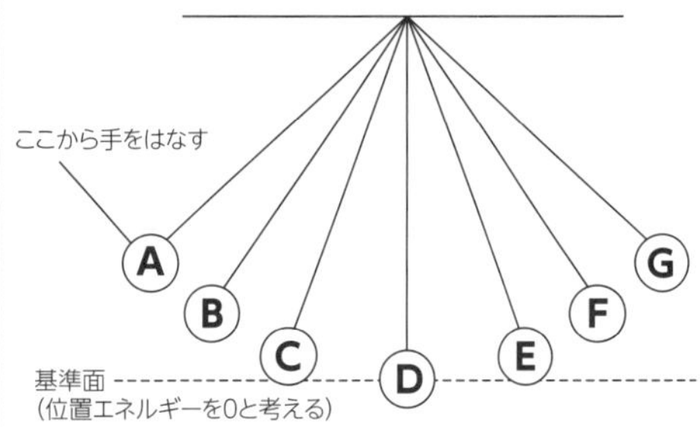

<**位置エネルギー**と**運動エネルギー**の大きさ>

	A	B~C	D	E~F	G
位置エネルギー	最大	↘	0	↗	最大
運動エネルギー	0	↗	最大	↘	0

・BとFでの位置エネルギーや運動エネルギーの大きさは等しい。CとEについても同様である。

・振り子の速さは**Dに近いほど速く**，AとGでは0である。

・物体がもつエネルギーはなくなるのではなく，他のエネルギーに**移り変わっていく**。

❾❿⓫⓬⓭⓮ 斜面を下る台車と力学的エネルギーの保存

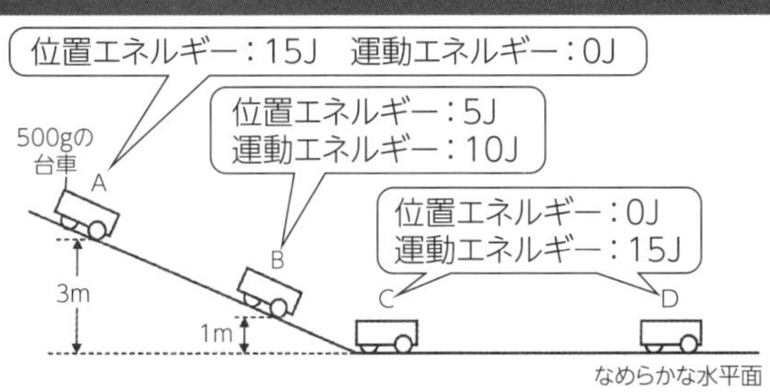

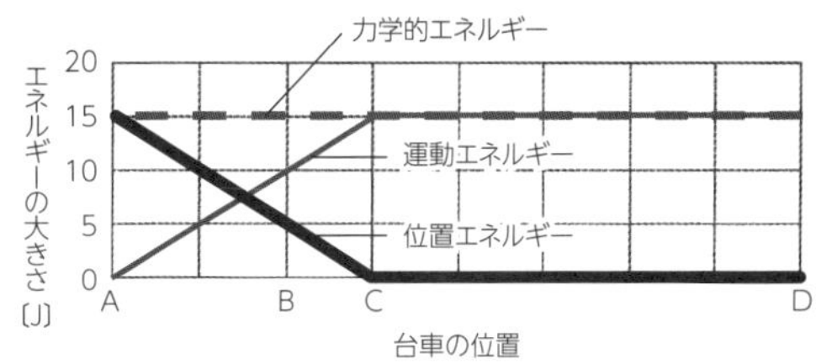

すべての点で，位置エネルギーと運動エネルギーの和(力学的エネルギー)が15 J で等しくなっているね。これを力学的エネルギーの保存というよ。

位置エネルギーは物体の**高さ**や**質量**に**比例**し，運動エネルギーは物体の**質量**に**比例**する。

7 化学分野(1)

実験器具，物質，気体

① ルーペを使って観察物を見るとき，ルーペは何に近づけて持つか。

❷ 顕微鏡の使い方で，先にとりつけるのは**接眼レンズ**と**対物レンズ**のどちらか。

③ 観察物を**立体的**に見ることができる顕微鏡を何というか。

❹ ガスバーナーで火をつけるとき，先に開けるのは**空気調節ねじ**と**ガス調節ねじ**のどちらか。

❺ 物体の**質量**(g)をはかるときに使う器具は何か。

❻ 液体の**体積**(cm³，mL)をはかるときに使う器具は何か。

❼ 加熱すると黒くこげて炭になったり，二酸化炭素を発生したりする物質を何というか。

❽ ❼以外の物質を何というか。

❾ みがくと光沢が出て，たたくと広がり，引っ張るとのび，電流が流れやすく，熱が伝わりやすい性質をもつ物質をまとめて何というか。

⑩ 一定の体積(cm³)あたりの質量(g)を**密度**(g/cm³)といい，$\left[\textbf{密度}(\mathrm{g/cm^3}) = \dfrac{\textbf{物質の質量}(\mathrm{g})}{\textbf{物質の体積}(\mathrm{cm^3})}\right]$で求めることができる。質量 8.1 g，体積 3 cm³の物質の密度は何 g/cm³か。

⑪ ⑩の物質 10cm³の質量は何 g か。

⓬ ものを燃やすはたらきがあり，空気中に約 20%含まれる気体は何か(物質名で)。

⓭ 水に少し溶け，空気より重く，石灰水を白く濁らせる気体は何か(物質名で)。

⓮ 水に溶けにくく，空気中に約 80%含まれる気体は何か(物質名で)。

⓯ 水に非常によく溶け，空気より軽く，特有の刺激臭があり，水に溶かすとアルカリ性を示す気体は何か(物質名で)。

⓰ 水に溶けにくく，気体の中で最も軽く，火をつけると爆発して燃える気体は何か(物質名で)。

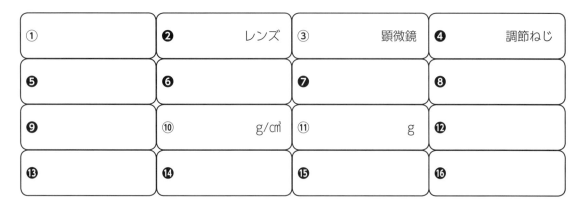

①	❷ レンズ	③ 顕微鏡	❹ 調節ねじ
❺	❻	❼	❽
❾	⑩ g/cm³	⑪ g	⓬
⓭	⓮	⓯	⓰

答えは58ページの右

② 顕微鏡

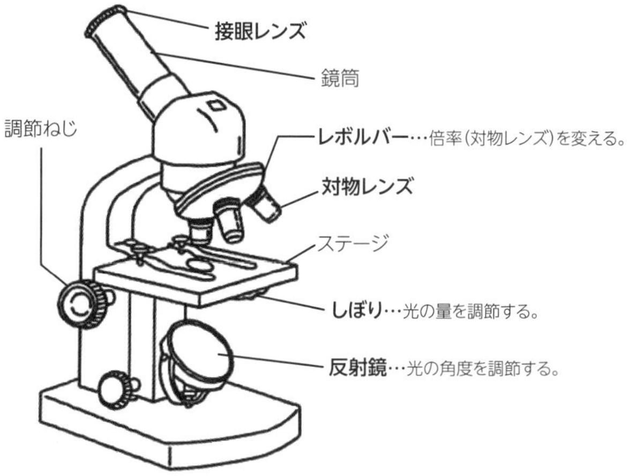

顕微鏡の使い方は，次の順番に注意しよう。
Ⅰ．接眼レンズ→対物レンズの順にとりつける。
Ⅱ．反射鏡としぼりで視野を明るくしてから，プレパラートをステージにのせる。
Ⅲ．対物レンズとプレパラートを近づけてから，接眼レンズをのぞいてピントを合わせる。

④ ガスバーナー

空気調節ねじで**青い炎**になるように調節する。

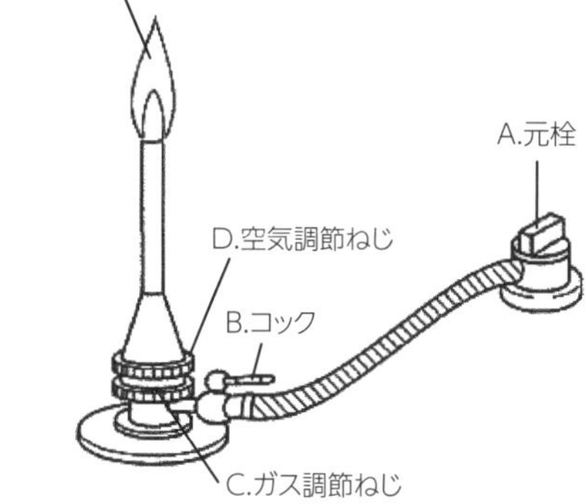

火のつけ方：A+B→マッチに火→C→D
火の消し方：D→C→A+B

⑦⑧⑨ 有機物の燃焼

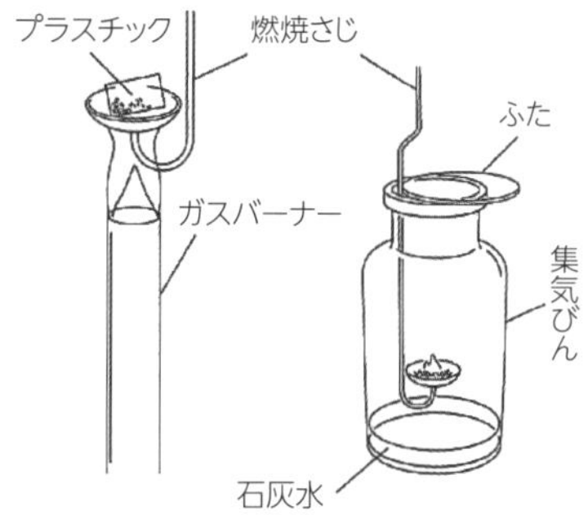

プラスチックや砂糖などの**有機物**を燃やしたあと，ふたをして集気びんを振ると石灰水が白く濁る。

有機物に対して，金属やガラス，水などを無機物というよ。

⑫⑬⑭⑮⑯ 気体の集め方

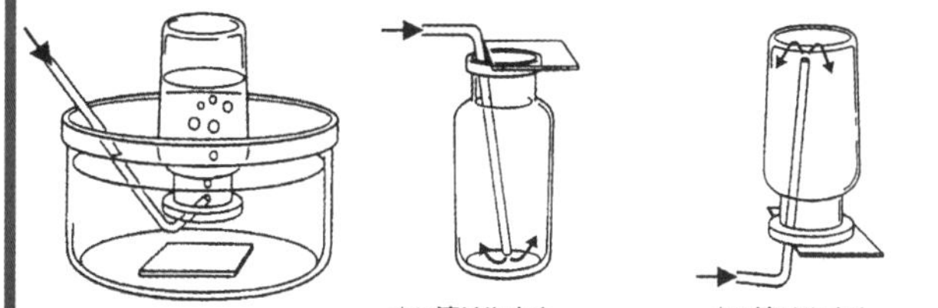

水上置換法	**下方**置換法	**上方**置換法
水に**溶けにくい**気体	水に**溶けやすく**，空気より**重い**気体	水に**溶けやすく**，空気より**軽い**気体
酸素，水素，窒素，二酸化炭素など	塩素，塩化水素，二酸化炭素など	アンモニアなど

⑤ 上皿てんびん(物体の質量をはかるとき)

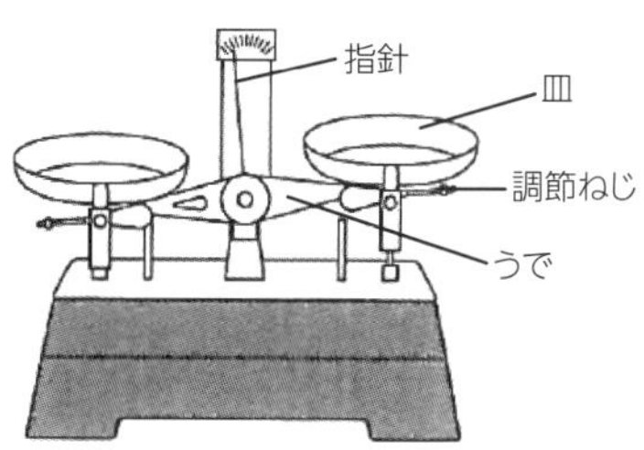

右ききの人が使うとき，物体は左の皿，分銅は右の皿にのせる。

・必要な質量をはかりとるときは，分銅を左の皿にのせておく。
・薬包紙を使う場合は，両方の皿に薬包紙をのせる。
・使い終わったら，皿を片方に重ねておく。

⑥ メスシリンダー(体積をはかる)

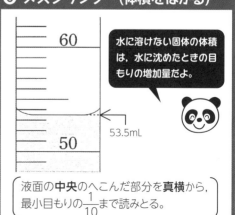

水に溶けない固体の体積は，水に沈めたときの目もりの増加量だよ。

液面の**中央**のへこんだ部分を**真横**から，最小目もりの$\frac{1}{10}$まで読みとる。

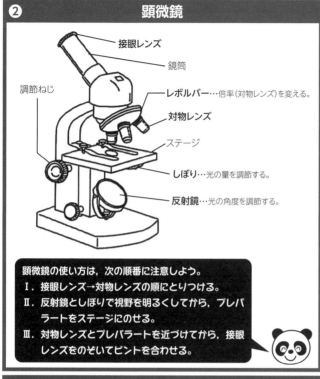

8 化学分野(2)

紙コップに水を入れて,
火の中に入れるとどうなる?

物質の状態変化

❶ 温度によって物質の状態が**固体**,**液体**,**気体**と変化することを何というか。

❷ ❶によって,物質の**体積**は変化するか。

❸ ❶によって,物質の**質量**は変化するか。

❹ 液体のエタノールを入れたポリエチレンの袋に熱湯をかけると袋はどうなるか。

❺ 物質が固体から液体になるときの温度を何というか。

❻ 液体が**沸騰**して気体になるときの温度を何というか。

❼ 液体を沸騰させて気体にし,それをまた液体にして集める操作を何というか。

⑧ 液体に溶けている物質を**溶質**,溶かしている液体を**溶媒**という。炭酸水の溶媒は水であるが,溶質は何か。

⑨ **塩酸**の溶媒は水であるが,溶質は何か。

⑩ 砂糖が溶けている水溶液を同じ温度で水を蒸発させずに放置すると,砂糖の**結晶**は出てくるか。

⓫ 100 gの水に溶ける物質の最大の質量を何というか。

⓬ ⓫まで溶けている水溶液を何というか。

⓭ 固体を溶かした水溶液から再び固体の結晶をとり出す操作を何というか。

⓮ ミョウバンは温度による⓫の差が大きいため,水の温度を上げて限界まで溶かし,その後水の温度を下げると多くの結晶を得ることができる。それに対して,食塩(**塩化ナトリウム**)のように温度による⓫の差が小さい物質が溶けた水溶液から多くの結晶を得るにはどうすればよいか。

⑮ 水溶液に含まれている溶質の質量の割合を表す方法に**質量パーセント濃度**(%)があり,

$$\left[\textbf{質量パーセント濃度(\%)} = \frac{\textbf{溶質の質量(g)}}{\textbf{水溶液全体の質量(g)}} \times 100\right]$$

で求めることができる。水 100 gに食塩 25 gを溶かしたときの質量パーセント濃度は何%か。

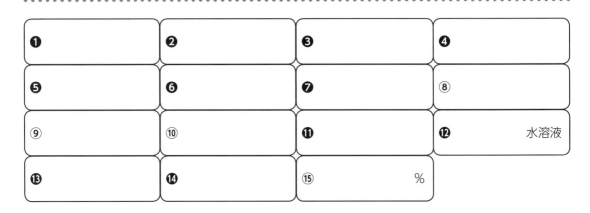

❶	❷	❸	❹
❺	❻	❼	⑧
⑨	⑩	⓫	⓬ 水溶液
⓭	⓮	⑮ %	

答えは59ページの左

❶❷❸❹ 物質の状態変化による体積の変化

〈あたためて液体にしたろうを再び固体に戻す〉

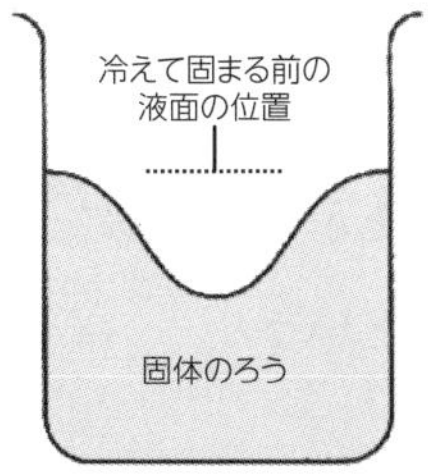

〈エタノールが入った袋に熱い湯をかける〉

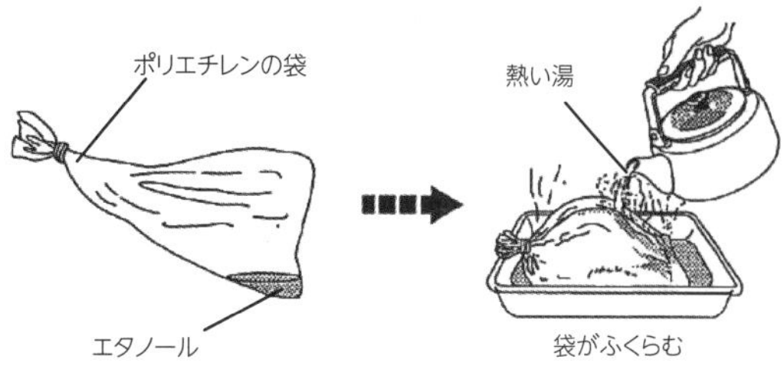

体積は，固体，液体，気体の順に大きくなるんだね。でも，質量は変化しないので注意しよう。

水は例外で，液体(水)から固体(氷)になると体積が大きくなる。このため氷の密度は水よりも小さくなり，氷は水に浮く。

❺❻ 水の状態変化と温度

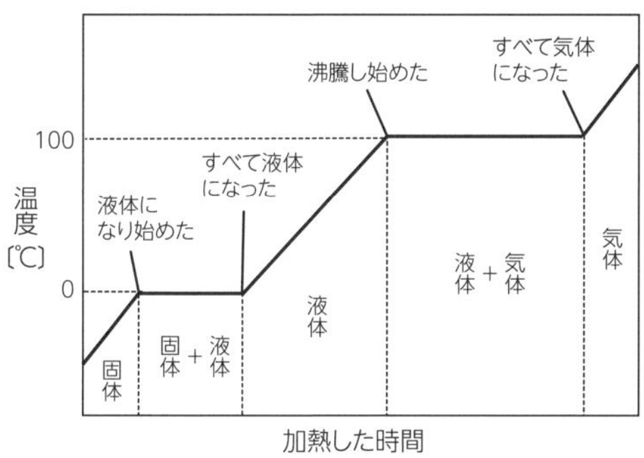

融点…固体が液体になるときの温度　(例)水0℃
沸点…液体が沸騰するときの温度　(例)水100℃

純粋な物質を加熱していくと，融点や沸点で温度が一定になるよ。状態変化が終わると，再び温度が上昇していくよ。

⓫⓬⓭⓮ 溶解度と再結晶

溶　解　度 … 一定量(100g)の水に溶ける物質の最大の質量
飽和水溶液 … 物質が溶解度まで溶けている水溶液
再　結　晶 … 一度溶かした物質を再び結晶としてとり出す操作

〈いろいろな物質の溶解度曲線〉

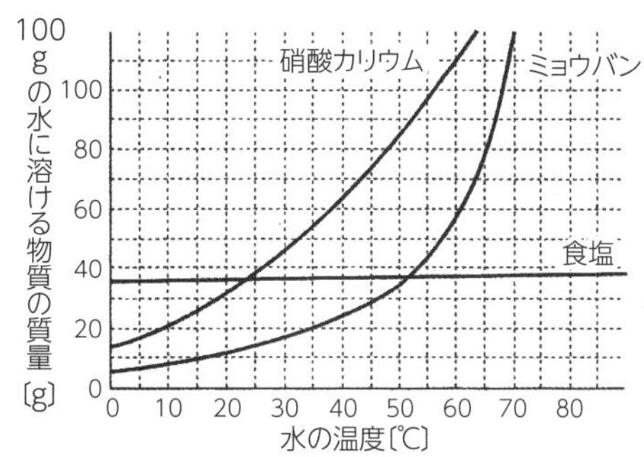

食塩は温度による溶解度の差が小さいので，多くの結晶を得るには，加熱して**水を蒸発**させる。

❼ 蒸留と混合物の加熱

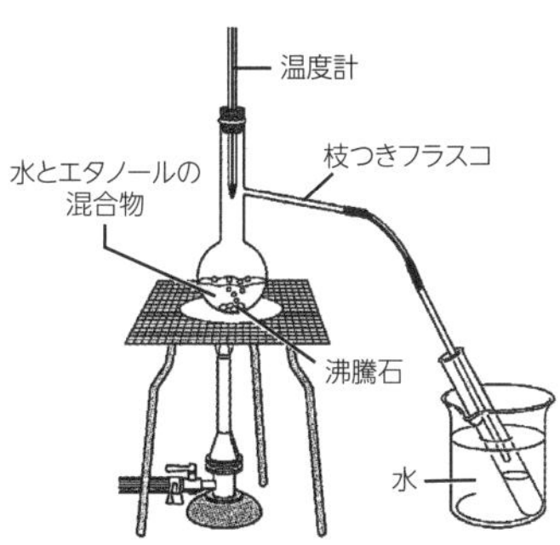

〈水とエタノールの混合物の温度変化〉

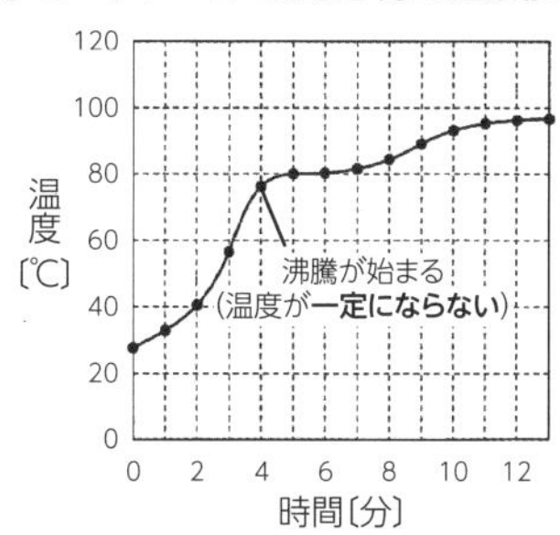

蒸留を利用すると，混合物から液体を分けてとり出すことができるよ。始めに多く集まるのは，沸点が低い方の液体だよ。

9 化学分野(3)

ベーキングパウダーの
正体は炭酸水素ナトリウム。

分子・原子・化学式，化学変化

❶ 物質をつくっている最小の粒を何というか。

❷ 物質の多くは❶がいくつか結びついてできているが，物質の**性質**を示す最小の粒子を何というか。

❸ 物質は，**元素記号**と数字を使って表すことができるが，これを何というか。

❹ 2種類以上の元素からできている物質を何というか。

❺ **酸化銀**を加熱すると，酸素と銀に分けることができる。このように，物質が別の物質になる変化を状態変化に対して何というか。

❻ 1種類の物質が2種類以上の物質に分かれる変化を何というか。

❼ 水を水素と酸素に分けるとき，水に電流を流しやすくするために溶かす物質は何か(物質名で)。

❽ **炭酸水素ナトリウム**の加熱によって発生した液体が，水であることを確かめるのに使うものは何か。

❾ 物質が酸素と結びつく変化を何というか。

❿ 空気中で銅を加熱すると，銅は赤色から何色になるか。

⑪ ゆっくり❾が起こると金属はさびるが，光や熱を出しながら激しく進む❾を何というか。

⓬ **酸化銅**と**炭素**を混ぜて加熱すると，銅よりも炭素の方が酸素と結びつきやすいため酸化銅から酸素をとり去ることができる。このような変化を何というか。

⓭ ❶には，「それ以上分けられない」，「なくなったり，新しくできたり，他の種類に変わったりしない」，「その種類ごとに質量が決まっている」という性質があり，この性質により，❺の前後で全体の質量は変化しない。この法則を何というか。

⓮ **硫化鉄**や**硫化銅**で，鉄や銅に結びついているものは何か(物質名で)。

⑮ 鉄と酸素が結びつくときに熱が発生する。このような反応を**発熱反応**というのに対して，**塩化アンモニウム**と**水酸化バリウム**に**水**を加えるときに熱を吸収する反応を何というか。

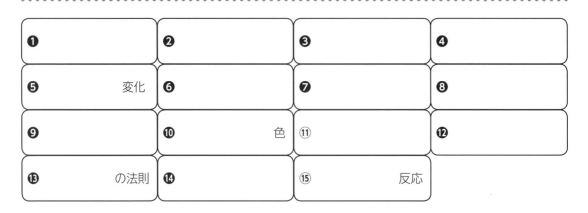

❶	❷	❸	❹
❺ 変化	❻	❼	❽
❾	❿ 色	⑪	⓬
⓭ の法則	⓮	⑮ 反応	

答えは59ページの左

❶❷❸❹ 原子，分子，化学式

〈水素分子〉

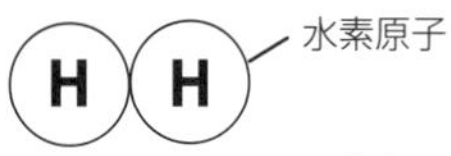

水素原子2つ→化学式はH_2

〈酸素分子〉

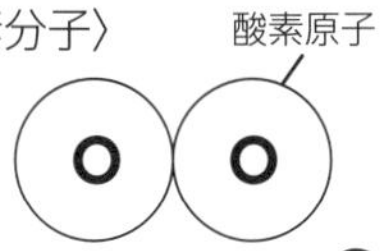

酸素原子2つ→化学式はO_2

〈水分子〉

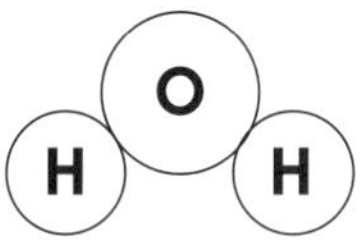

水素原子2つ+酸素原子1つ→化学式は H_2O

❺⓭ 質量保存の法則

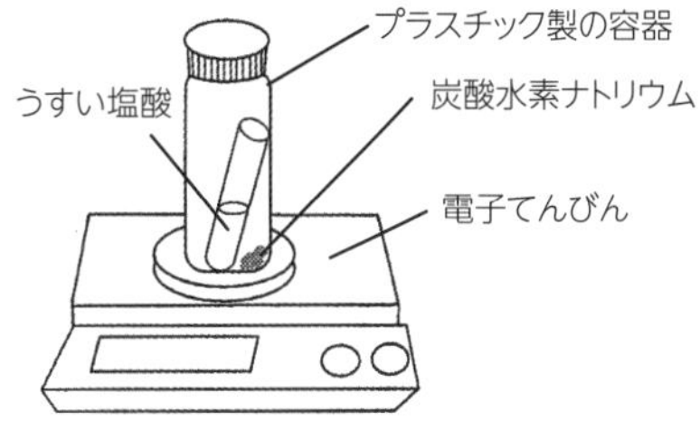

上図で，うすい塩酸と炭酸水素ナトリウムを反応させると二酸化炭素が発生するが，**化学変化**の前後で**全体の質量は変化しない**。容器のふたを開けて質量をはかると，発生した**二酸化炭素が空気中に出ていくので**，質量は小さくなる。

❻❼ 水の電気分解

水 → 水素 + 酸素

$2H_2O \rightarrow 2H_2 + O_2$

体積比…水素:酸素=**2:1**

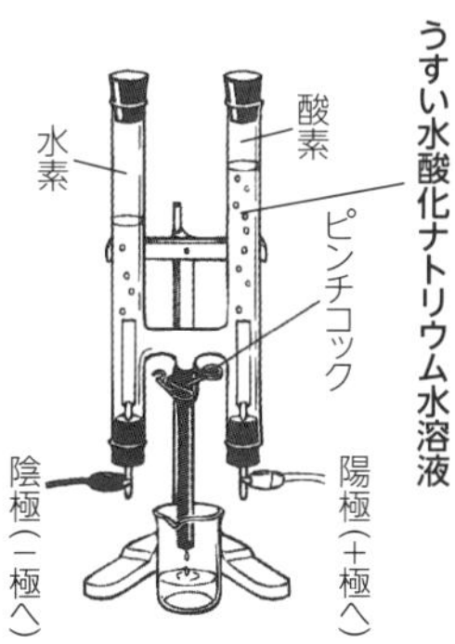

❽ 炭酸水素ナトリウムの熱分解

炭酸水素ナトリウム → 炭酸ナトリウム + 二酸化炭素 + 水

$2NaHCO_3 \rightarrow Na_2CO_3 + CO_2 + H_2O$

試験管の口を少し下げる
→発生した水が加熱部に流れこんで試験管が割れる可能性がある。

火を消す前にガラス管を石灰水から抜く
→石灰水が逆流して加熱していた試験管が割れる可能性がある。

- 石灰水は，二酸化炭素の発生により白く濁る。
- **水**の発生は，**塩化コバルト紙**が青色から赤色に変化することで確かめられる。
- 炭酸水素ナトリウムと炭酸ナトリウムでは，炭酸ナトリウムの方が水によく溶け，フェノールフタレイン液を濃い赤色にする。

❾❿ 銅と酸素の反応

銅 + 酸素 → 酸化銅

$2Cu + O_2 \rightarrow 2CuO$

質量比…銅:酸素=**4:1**

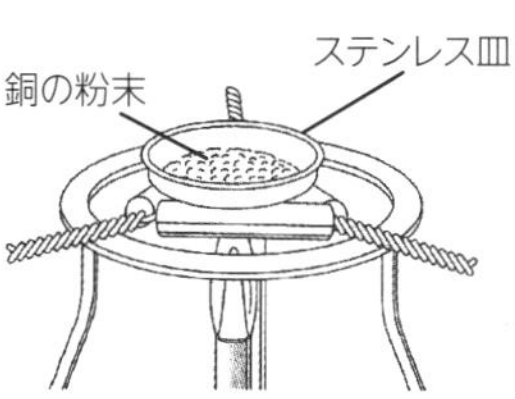

- 銅は**赤色**から**黒色**に変化する。
- 物質が酸素と結びつく反応を**酸化**といい，その化合物を**酸化物**という。

⓬ 酸化銅の還元

酸化銅 + 炭素 → 銅 + 二酸化炭素

$2CuO + C \rightarrow 2Cu + CO_2$

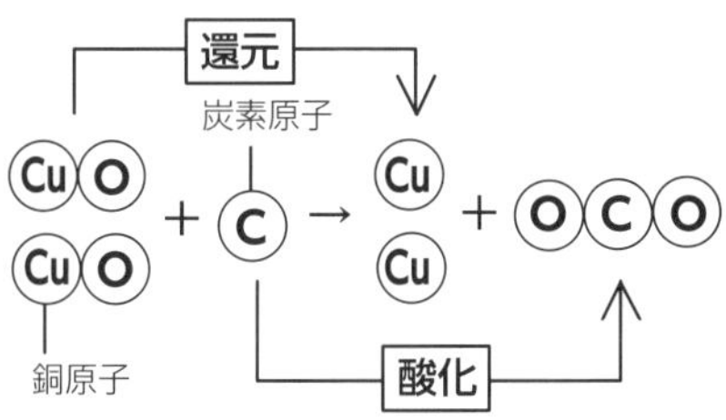

⓮ 鉄と硫黄の反応

鉄 + 硫黄 → 硫化鉄

$Fe + S \rightarrow FeS$

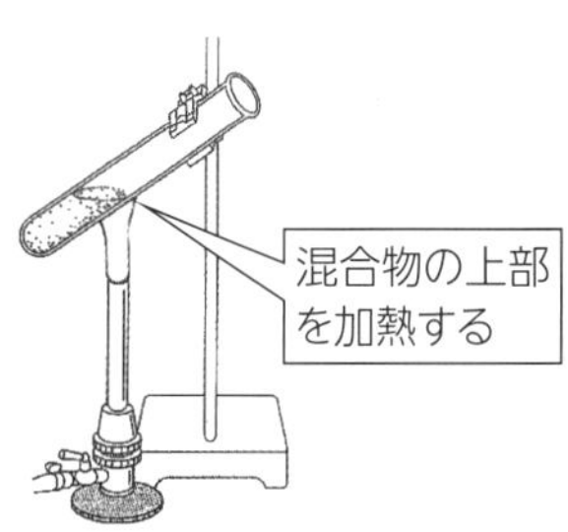

- 混合物の上部が赤くなったら加熱をやめても，反応が進む。
- 物質が**硫黄**と結びつく反応を**硫化**という。

10 化学分野(4)

化学変化とイオン

❶ **原子**の中心にある**原子核**を構成するもののうち，＋の電気をもったものを何というか。

❷ 食塩や塩化水素のように，水に溶かすとその水溶液に電流が流れる物質を何というか。

③ 砂糖やエタノールのように，水に溶かしてもその水溶液に電流が流れない物質を何というか。

❹ 原子が**電子**を失ったり，受けとったりして電気をおびた粒子をイオンという。物質が水に溶けて**陽イオン**(Na^+，H^+ など)と**陰イオン**(Cl^-など)に分かれることを何というか。

❺ **塩化銅水溶液**の色は何色か。

❻ 塩化銅水溶液の電気分解を行うとき，陰極に付着する赤色の物質は何か(物質名で)。

❼ 塩化銅水溶液の電気分解を行うとき，陽極で発生する，水に溶けやすく，刺激臭があり，殺菌作用や漂白作用がある黄緑色の気体は何か(物質名で)。

❽ イオンになりやすいのはマグネシウムと亜鉛のどちらか。

❾ 物質がもつ化学エネルギーから電気エネルギーをとり出す装置を**化学電池**という。化学電池の一種であるダニエル電池で＋極になるのは銅板と亜鉛板のどちらか。

❿ 水に溶けると酸性を示すものを**酸**，アルカリ性を示すものを**アルカリ**という。また，水溶液中に**水素イオン**があると酸性を示し，**水酸化物イオン**があるとアルカリ性を示す。水酸化物イオンを化学式で表すとどのようになるか。

⓫ 酸性とアルカリ性の水溶液が混ざることで互いの性質を打ち消す反応を何というか。

⓬ ⓫では，水素イオン(H^+)と水酸化物イオンが結合し水ができるが，この他にできる塩化ナトリウムや硫酸バリウムなどを何というか。

⓭ 塩酸(HCl)と水酸化ナトリウム水溶液(NaOH)が反応することでできる⓬は何か(化学式で)。

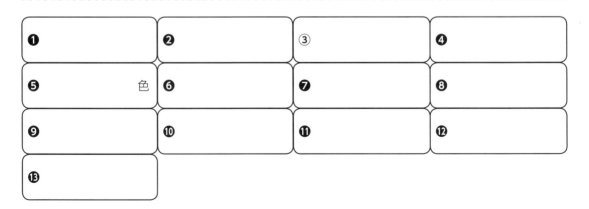

❶	❷	③	❹
❺ 色	❻	❼	❽
❾	❿	⓫	⓬
⓭			

答えは59ページの左

❶ 原子の構造

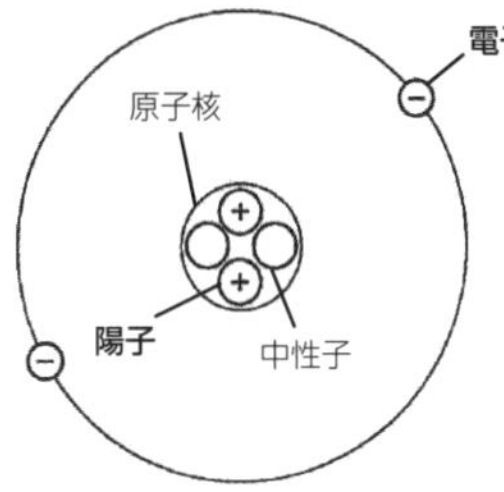

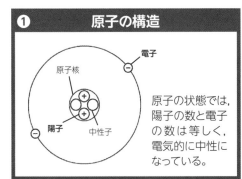

原子の状態では,陽子の数と電子の数は等しく,電気的に中性になっている。

イオンの構造

陽イオン

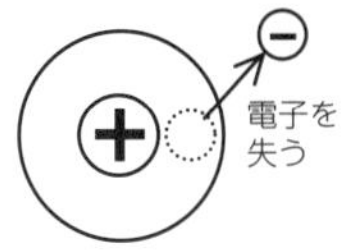

＋の電気を
おびている。

陰イオン

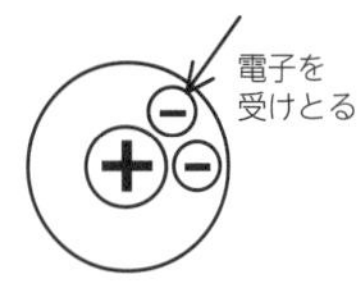

－の電気を
おびている。

❷❹❺❻❼ 塩化銅水溶液の電気分解

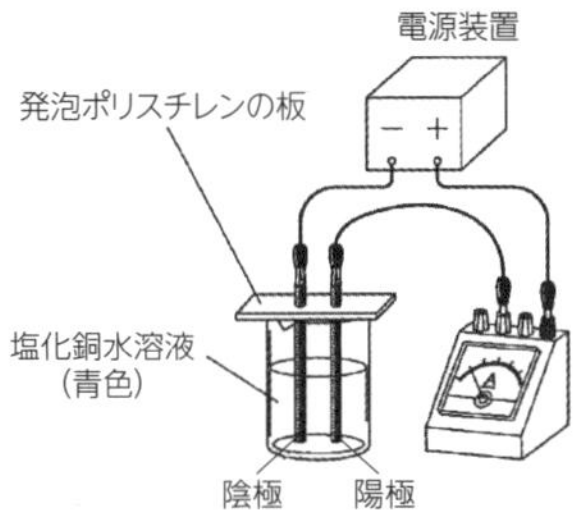

・**塩化銅**($CuCl_2$)が水に溶けて**電離**するようす

$CuCl_2 \rightarrow Cu^{2+} + 2Cl^-$（$Cu^{2+}$：銅イオン，$Cl^-$：塩化物イオン）

・塩化銅水溶液を**電気分解**するときの化学反応式

$CuCl_2 \rightarrow Cu + Cl_2$

→**陰極**には**銅**が付着し,
陽極からは**塩素**が発生する。

塩化銅のように水に溶けると電離する物質を電解質というよ。

❽❾ イオンへのなりやすさ

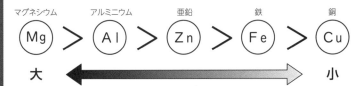

マグネシウム Mg ＞ アルミニウム Al ＞ 亜鉛 Zn ＞ 鉄 Fe ＞ 銅 Cu

大 ⟷ 小

曲がるぜ鉄道
Mg, Al, Zn, Fe, Cu
と覚えよう！

亜鉛イオンを含む硫酸亜鉛水溶液にマグネシウム板を入れると,亜鉛よりもイオンになりやすいマグネシウムは電子を失ってマグネシウムイオンとなり,亜鉛イオンは電子を受けとって亜鉛原子となる。これに対し,硫酸亜鉛水溶液に銅板を入れると,亜鉛よりもイオンになりにくい銅は電子をはなさないので,変化が起こらない。イギリスの科学者ダニエルは,銅と亜鉛のイオンへのなりやすさのちがいを利用して**ダニエル電池**を発明した。ダニエル電池では,イオンへのなりやすさが小さい銅板が+極になる。

❿ 酸とアルカリ

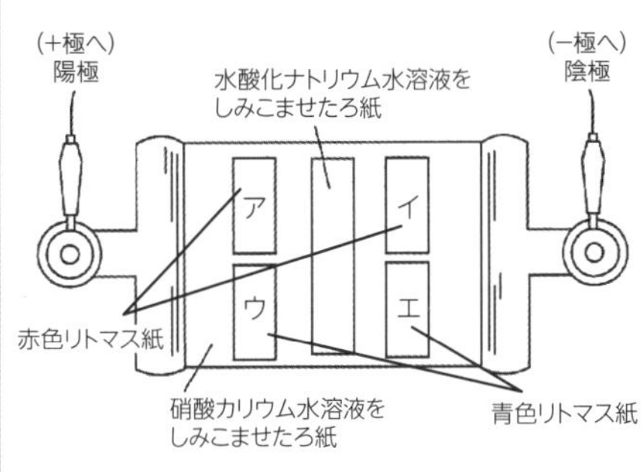

水酸化ナトリウム水溶液を塩酸に変えると,水素イオン(H^+)の移動によって,エが赤色に変化していくよ。

アルカリ性の性質をもつ**水酸化物イオン**(**OH^-**)は陰イオンなので,陽極側の赤色リトマス紙(ア)の右側から青色に変化していく。

⓫⓬⓭ 中和

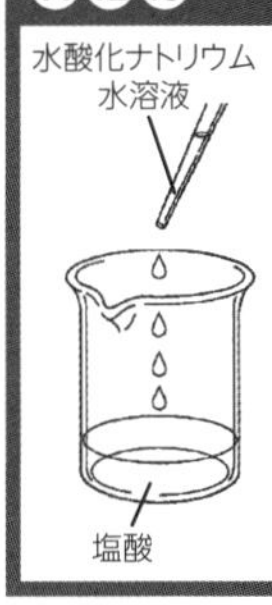

BTB溶液を加えて黄色(酸性)にした塩酸に,水酸化ナトリウム水溶液を加えていくと,緑色(中性),青色(アルカリ性)へと変化していく。

$HCl + NaOH \rightarrow NaCl + H_2O$（塩酸 + 水酸化ナトリウム → 塩化ナトリウム + 水）

上の反応式の塩化ナトリウムのように,酸の陰イオンとアルカリの陽イオンでできた物質を**塩**(えん)という。

11 生物分野(1)

ミカンの皮をむくと見える
白い筋の正体，実は…。

植物の体のつくりとはたらき

❶ 植物の花の**花弁**(ア)，**めしべ**(イ)，**がく**(ウ)，**おしべ**(エ)を外側から順になるように並べかえるとどうなるか(記号で)。

❷ アブラナの花で，めしべの**花柱**の先を**柱頭**というが，根もとのふくらんだ部分を何というか。

❸ ❷の中にある粒を何というか。

❹ おしべの先の小さな袋を**やく**というが，その中に入っているものは何か。

❺ ❹がめしべの柱頭につくことを何というか。

❻ ❺のあと，❷は**果実**になるが，❸は何になるか。

❼ 植物は日光にあたると，水と二酸化炭素を材料にしてデンプンと酸素をつくる。このはたらきを何というか。

❽ ❼は**細胞**の中の緑色の粒で行われる。この緑色の粒を何というか。

❾ 根から吸い上げられた水が運ばれる管を**道管**，葉でつくられた養分が運ばれる管を**師管**というが，道管の束と師管の束を合わせて何というか。

⑩ 茎で，内側にあるのは道管と師管のどちらか。

⓫ 植物が❼や**呼吸**を行うとき，酸素や二酸化炭素が出入りするのはどこか。

⓬ ⓫からは，体の中の水が**水蒸気**となって出ていく。この現象を何というか。

⑬ ⓫が多くあるのは，ふつう葉の表側と裏側のどちらか。

⓮ 息をふきこんで緑色にしたＢＴＢ溶液が入った試験管にオオカナダモを入れ，日光のあたるところに置いておくと，ＢＴＢ溶液の色は何色になるか。

⓯ ⓮の色の変化は，植物のあるはたらきによるものである。このはたらきを何というか。

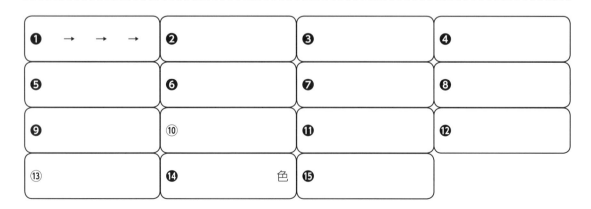

❶ → → →	❷	❸	❹
❺	❻	❼	❽
❾	⑩	⓫	⓬
⑬	⓮ 色	⓯	

答えは59ページの左

❶❷❸❹❺❻ アブラナの花

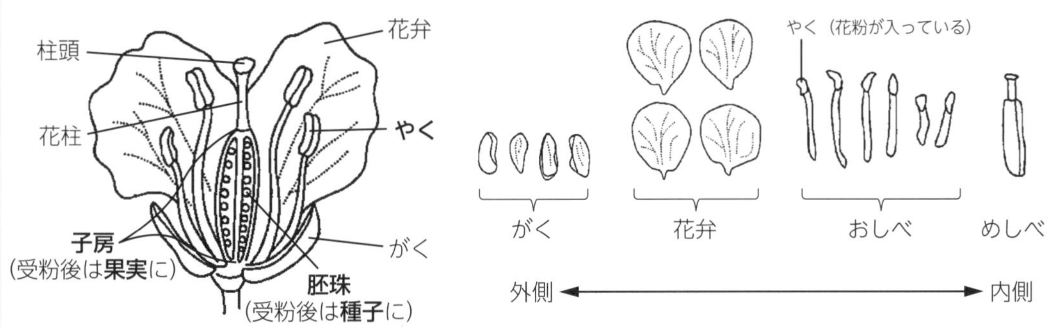

❼❽ 光合成とヨウ素液の反応

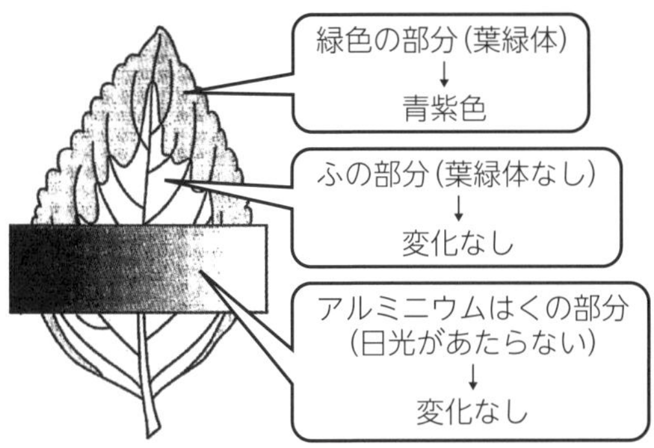

⓮⓯ 呼吸と光合成

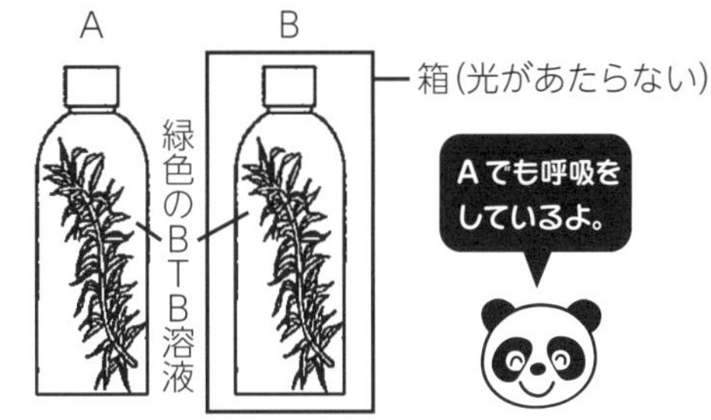

A：光合成が盛ん→BTB 溶液が青色に

B：呼吸のみ→BTB 溶液が黄色に

❾ 葉のつくり

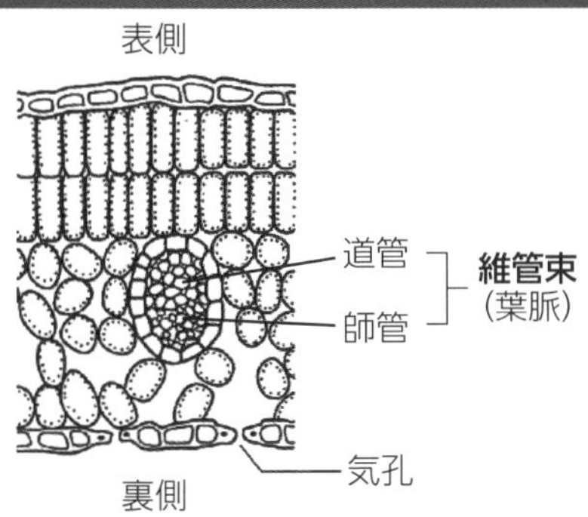

⓫ 気孔のつくり

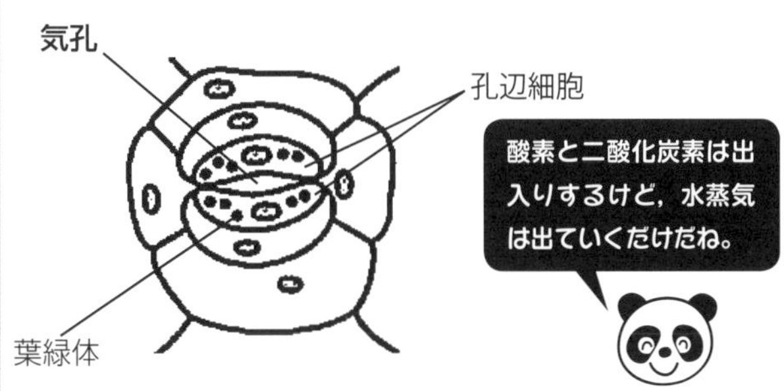

気孔
孔辺細胞
葉緑体
酸素と二酸化炭素は出入りするけど，水蒸気は出ていくだけだね。

⓬ 葉の裏と表，茎での蒸散量の違い

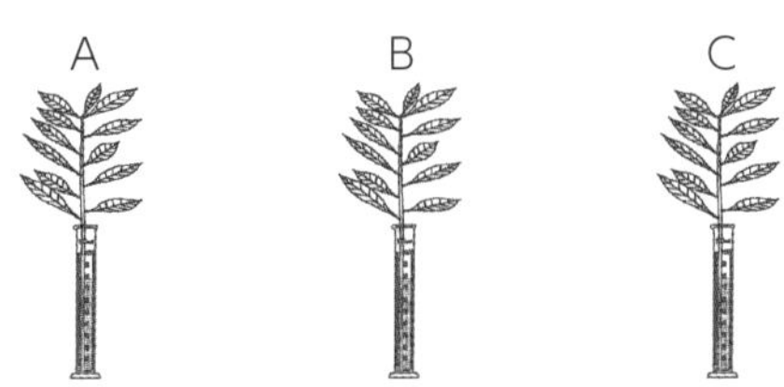

A：何もぬらない→葉の裏, 表, 茎で蒸散

B：葉の表にワセリン→葉の裏, 茎で蒸散

C：葉の裏にワセリン→葉の表, 茎で蒸散

⇒蒸散量が多い順にA，B，Cとなる。

ワセリンで気孔をふさぐんだね。

※水面からの水の蒸発を防ぐため, 水面に油を浮かべる。

12 生物分野(2)

植物の分類

❶ **種子**ができる植物を何植物というか。

❷ マツ，イチョウ，ソテツなどの**胚珠**がむき出しになっている植物を何植物というか。

❸ ❷に対して，胚珠が**子房**につつまれている植物を何植物というか。

❹ ユリやイネなどの**葉脈**が**平行脈**になっている植物を何類というか。

❺ ❹の植物の根は，たくさんの細い根からできているが，この根を何というか。

❻ ❹に対して，葉脈が**網状脈**になっている植物を何類というか。

❼ ❻の植物の根は，太い**主根**とそこから出る細い根に分かれているが，この細い根を何というか。

❽ サクラ，バラ，アブラナなどの花弁が離れている花を何というか。

❾ ❽に対して，アサガオ，ツツジ，タンポポなどの花弁がくっついている花を何というか。

⑩ 根の先端近くにある細い毛のようなものにより，根の表面積が大きくなり，水や水に溶けた養分の吸収の効率がよくなる。この細い毛のようなものを何というか。

⓫ **受粉**後のマツに果実はできるか。

⓬ ユリの茎の**維管束**の並び方は輪状と散らばっているのどちらか。

⓭ ツツジの子葉は1枚と2枚のどちらか。

⓮ **シダ植物**(イヌワラビやスギナ)や**コケ植物**(ゼニゴケやスギゴケ)は種子をつくらないが，何をつくってなかまをふやしているか。

⓯ シダ植物にはあって，コケ植物にはないものは何か。

❶ 植物	❷ 植物	❸ 植物	❹ 類
❺	❻ 類	❼	❽
❾	⑩	⓫	⓬
⓭ 枚	⓮	⓯	

答えは59ページの右

①②③⑧⑨⑭⑮ 植物の分類

- **胞子**でふえる
  - 維管束が**ない**（**コケ**植物） → (例)ゼニゴケ
  - 維管束が**ある**（**シダ**植物） → (例)イヌワラビ
- 種子でふえる（**種子**植物）
  - 子房が**ない**（**裸子**植物） → (例)マツ
  - 子房が**ある**（**被子**植物）
    - 子葉が１枚（**単子葉**類） → (例)ユリ
    - 子葉が２枚（**双子葉**類）
      - (例)アブラナ　花弁が離れている（**離弁花**）
      - (例)タンポポ　花弁がくっついている（**合弁花**）

⑪ マツのりん片

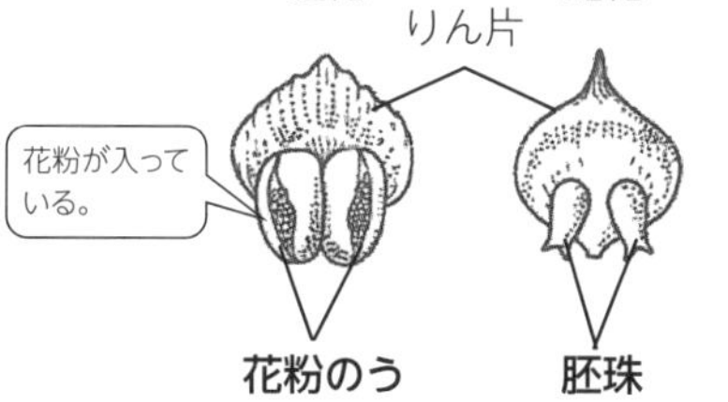

マツの雌花には子房がないから果実はできないけど，胚珠はあるから種子ができるんだね。

ゼニゴケ

仮根(根のように見えるもの)→体を地面に固定する

④⑤⑥⑦⑫⑬ 双子葉類と単子葉類

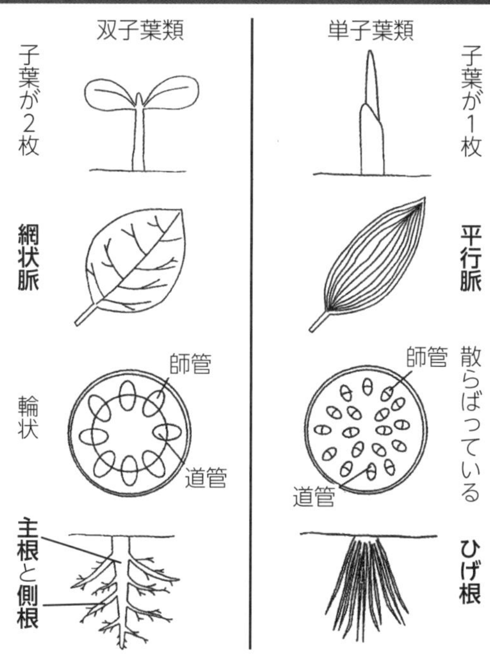

イヌワラビ

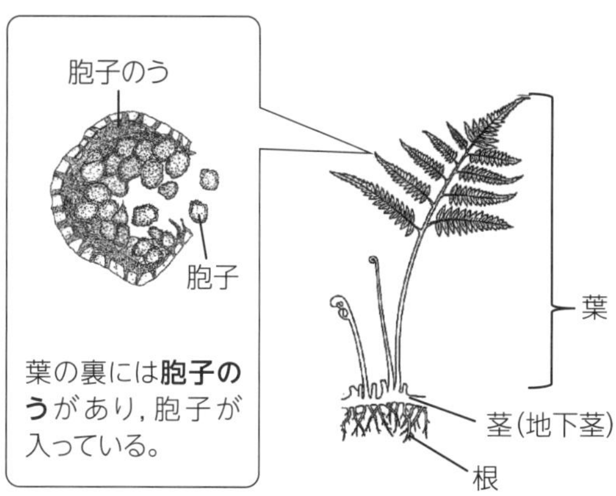

葉の裏には**胞子のう**があり，胞子が入っている。

茎のように見える部分は葉の一部で，茎は地中にあるよ。

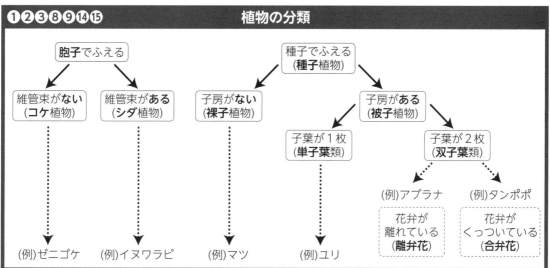

13 生物分野(3)

動物の体のつくりとはたらき

❶ 形やはたらきが同じ**細胞**が集まって**組織**をつくるが，組織が集まってできたものを何というか。

❷ 肺は酸素と二酸化炭素の交換を効率よく行えるように，小さな袋が集まってできている。この小さな袋を何というか。

③ **炭水化物**(**デンプン**)は**ブドウ糖**に，**タンパク質**は**アミノ酸**に，**脂肪**は**脂肪酸**と**モノグリセリド**に分解される。このように大きな分子の物質を小さな分子の物質に変化させるはたらきを何というか。

❹ ③のはたらきを行う，**だ液**や**胃液**に含まれる**アミラーゼ**や**ペプシン**などを何というか。

❺ だ液によるデンプンの変化を調べるときに使う**ベネジクト液**は，ある操作をするとデンプンが分解されてできた物質と反応して赤褐色の沈殿ができる。ある操作とは何か。

❻ **小腸**が養分の吸収を効率よく行えるように，壁にあるひだはたくさんの小さな突起でおおわれている。この突起を何というか。

❼ 脂肪の分解を助ける**胆汁**をつくり，養分をたくわえ，**アンモニア**を**尿素**に変えるはたらきをもつ❶は何か。

❽ **尿**は**輸尿管**を通って**ぼうこう**にためられる。血液から尿素などの不要物をこし出して尿をつくる❶は何か。

⑨ 細胞が，酸素と養分から**生きるためのエネルギー**をとり出すことを何というか。

❿ 心臓から送り出される血液が流れる血管を**動脈**というのに対して，ところどころに血液の逆流を防ぐための**弁**があり，心臓へ戻ってくる血液が流れる血管を何というか。

⓫ 動脈がつながる心臓の部屋を**心室**というのに対して，❿がつながる心臓の部屋を何というか。

⓬ **赤血球**，**白血球**，**血しょう**，**血小板**のうち，酸素の多いところでは酸素と結びつき，酸素の少ないところでは酸素をはなす性質をもつ**ヘモグロビン**を含むものはどれか。

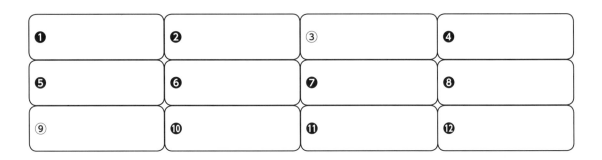

❶	❷	③	❹
❺	❻	❼	❽
⑨	❿	⓫	⓬

答えは59ページの右

④⑤ だ液のはたらき(だ液せん)

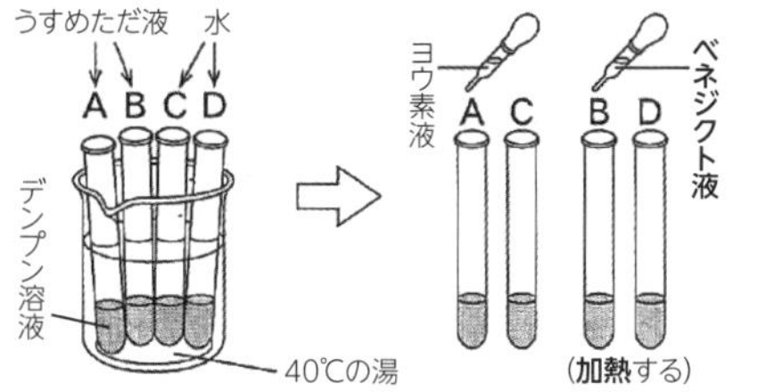

A：変化なし
B：赤褐色の沈殿
→デンプンが分解された

C：青紫色
D：変化なし
→デンプンがそのまま

だ液に含まれるアミラーゼ(消化酵素)はヒトの体温くらいの温度でよくはたらくよ。

② 肺胞と毛細血管(肺)

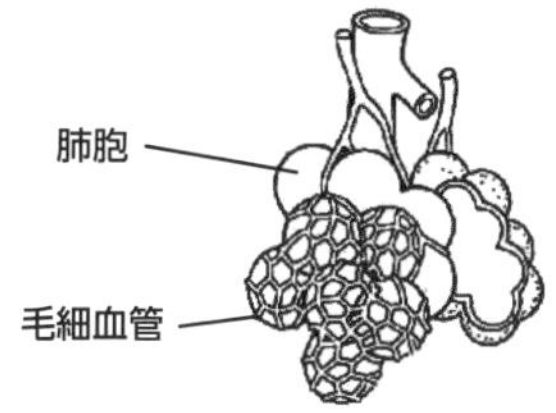

肺動脈を流れてきた血液から二酸化炭素がとり出され，酸素をとりこんだ血液が肺静脈へ流れていく。

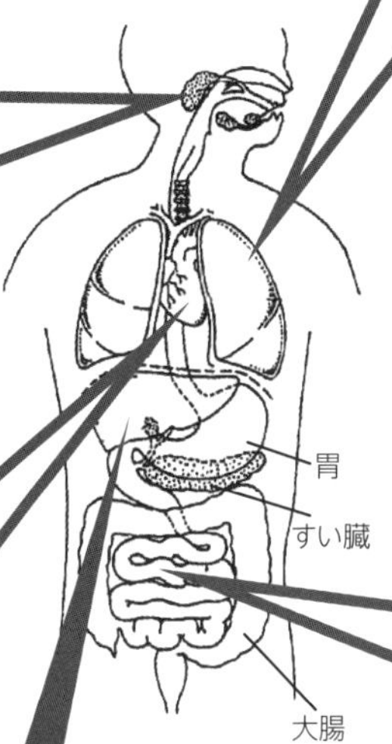

⑥ 柔毛と毛細血管・リンパ管(小腸)

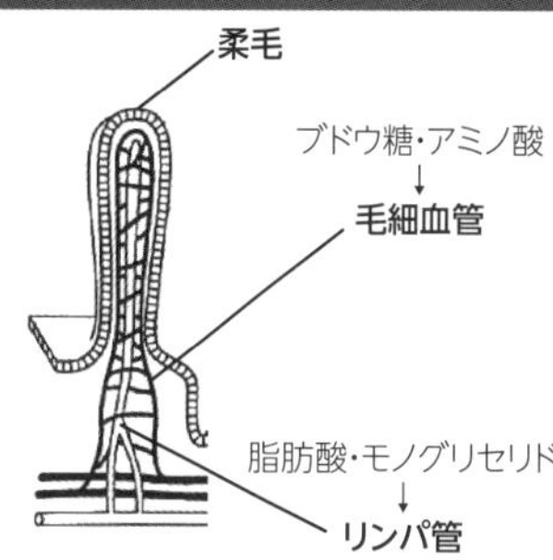

⑩⑪ 心臓と動脈・静脈

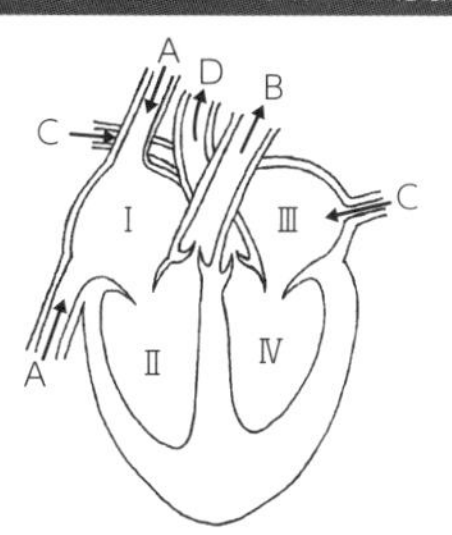

Ⅰ：右心房
Ⅱ：右心室
Ⅲ：左心房
Ⅳ：左心室

A：大静脈…全身から
B：肺動脈…肺へ
C：肺静脈…肺から
D：大動脈…全身へ

⑦⑧ 肝臓とじん臓

〈肝臓〉

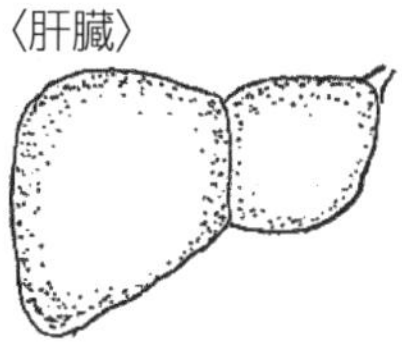

肝臓
- 胆汁をつくる
- 養分をたくわえる
- アンモニアを尿素に変える
(尿素はじん臓に送られる)

〈じん臓〉

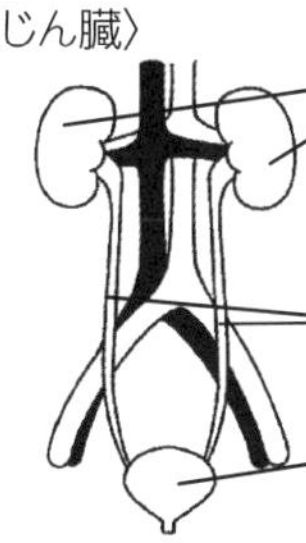

じん臓
- 血液中から尿素などの不要物をこし出す

輸尿管

ぼうこう
- 尿を一時的にためる

肺胞や柔毛で表面積が大きくなると，肺や小腸のはたらきの効率がよくなるんだね。

① 体の器官と血液の循環

肺を通る前(aやb)の血液は二酸化炭素を多く含む静脈血，肺を通ったあと(cやd)の血液は酸素を多く含む動脈血だよ。

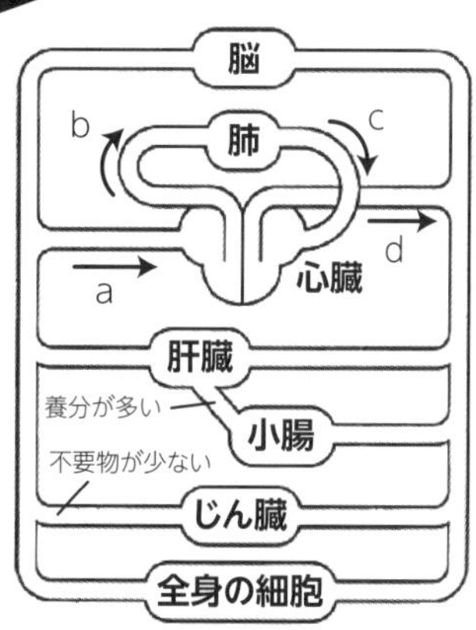

⑫ 血液の成分

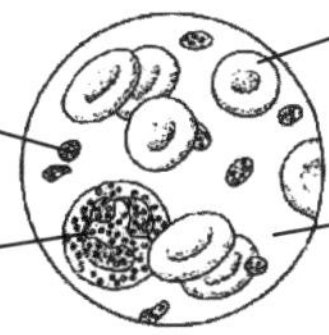

血小板
(出血時に血液を固める)

白血球
(細菌をとらえる)

赤血球
(酸素を運搬する)

血しょう
(養分，二酸化炭素，不要物を運搬する)

14 生物分野(4)

神経系・細胞・動物の分類・進化

❶ 目で，光の**刺激**を受けとるのは**網膜**だが，レンズに入る光の量を調節するのは何か。

❷ 目や耳，皮膚などの刺激を受けとることができる体の部分を何というか。

❸ ❷からの信号を**中枢神経**(**脳**や**脊髄**)に伝える神経を何というか。

❹ 中枢神経からの信号を**筋肉**へ伝える神経を何というか。

❺ 刺激に対して意識とは関係なく起こる反応を何というか。

❻ 細胞のつくりで，**核**(ア)，**細胞質**(イ)，**液胞**(ウ)，**葉緑体**(エ)，**細胞膜**(オ)，**細胞壁**(カ)のうち，植物の細胞のみに見られるものはどれか(記号で3つ)。

❼ 立体的に見える範囲が広いのは**草食動物**と**肉食動物**のどちらか。

❽ 草食動物は，草をすりつぶすのに適した歯が発達している。この歯を何というか。

⑨ 1つの細胞だけで体ができている生物を**単細胞生物**というのに対して，ヒトのように体が多くの細胞からできている生物を何というか。

⑩ **背骨**がある動物を**脊椎動物**，背骨がない動物を**無脊椎動物**というが，無脊椎動物のうち**甲殻類**，**昆虫類**，クモ類などのように**外骨格**をもち，体やあしに**節**のある動物をまとめて何というか。

⓫ 脊椎動物(**魚類**，**両生類**，**は虫類**，**鳥 類**，**哺乳類**)で，一生肺で呼吸をし，子を生む(**胎生**)のは何類か。

⓬ 外形やはたらきは異なるが，同じものから変化したと考えられる体の部分を何というか。

⓭ 魚類→両生類→は虫類→鳥類と，長い時間をかけた生物の変化を何というか。

❶	❷	❸ 神経	❹ 神経
❺	❻ ・ ・	❼ 動物	❽
⑨ 生物	⑩ 動物	⓫ 類	⓬
⓭			

答えは59ページの右

❶ 目のつくり

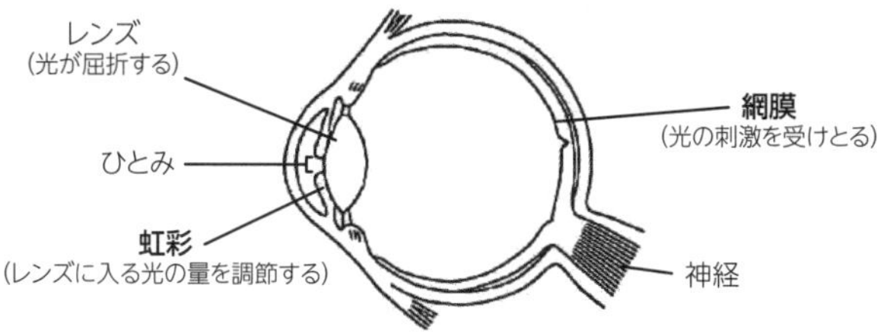

❷❸❹❺ 神経系

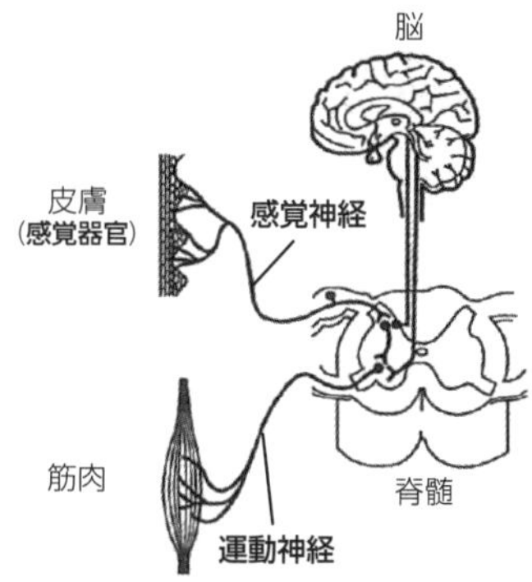

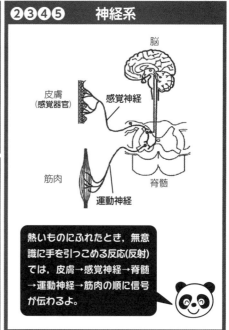

熱いものにふれたとき，無意識に手を引っこめる反応(反射)では，皮膚→感覚神経→脊髄→運動神経→筋肉の順に信号が伝わるよ。

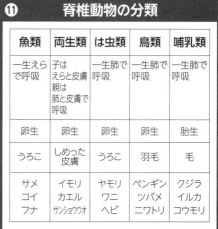

腕の曲げのばしと筋肉の動き

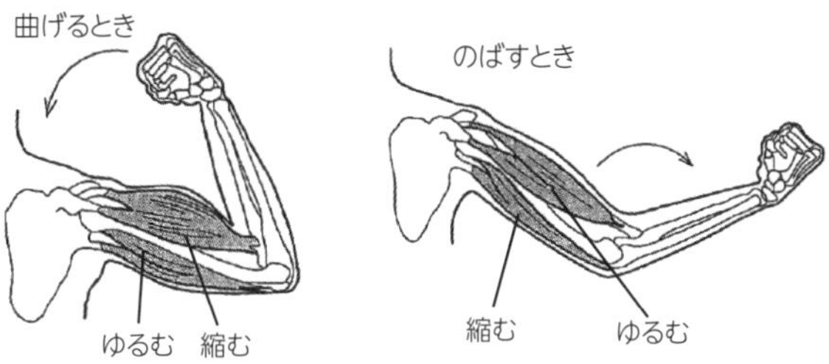

❻ 植物細胞と動物細胞

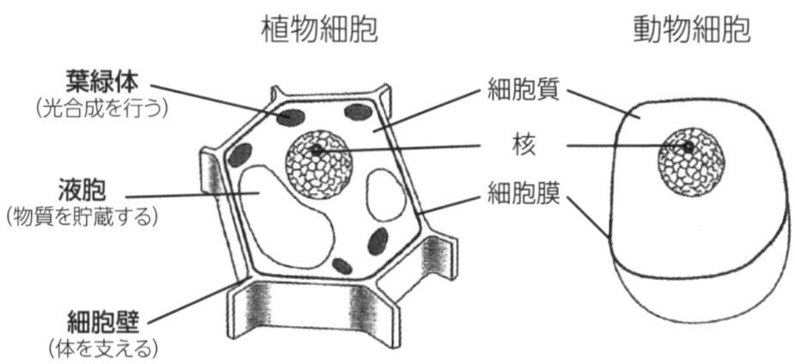

葉緑体，液胞，細胞壁は，植物の細胞だけに見られるつくりだよ。

⓫ 脊椎動物の分類

魚類	両生類	は虫類	鳥類	哺乳類
一生えらで呼吸	子はえらと皮膚 親は肺と皮膚で呼吸	一生肺で呼吸	一生肺で呼吸	一生肺で呼吸
卵生	卵生	卵生	卵生	胎生
うろこ	しめった皮膚	うろこ	羽毛	毛
サメ コイ フナ	イモリ カエル サンショウウオ	ヤモリ ワニ ヘビ	ペンギン ツバメ ニワトリ	クジラ イルカ コウモリ

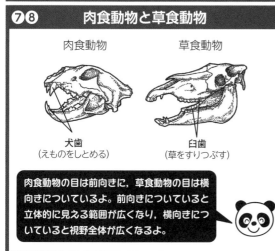

❼❽ 肉食動物と草食動物

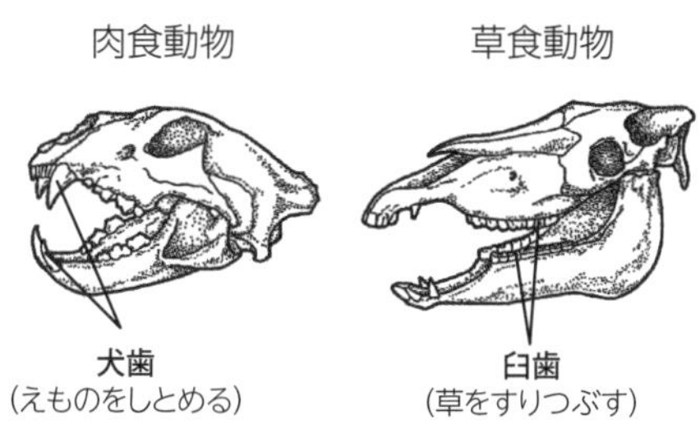

肉食動物の目は前向きに，草食動物の目は横向きについているよ。前向きについていると立体的に見える範囲が広くなり，横向きについていると視野全体が広くなるよ。

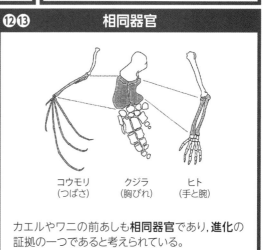

⓬⓭ 相同器官

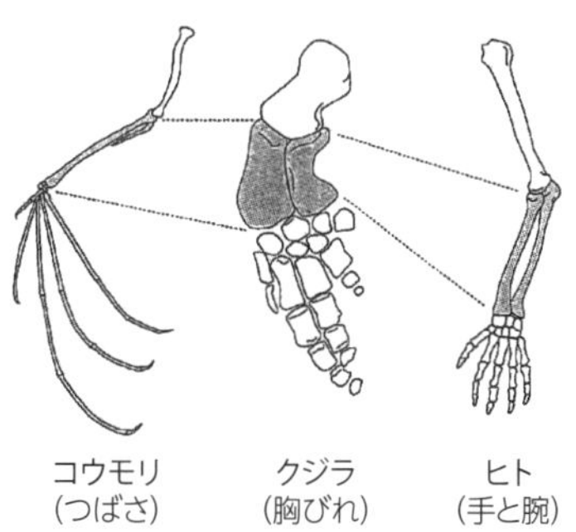

カエルやワニの前あしも**相同器官**であり，**進化**の証拠の一つであると考えられている。

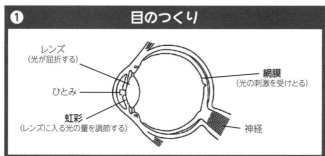

15 生物分野(5)

デオキシリボ核酸。
声に出して言ってみよう。

生物のふえ方と遺伝，生物どうしのかかわり

❶ 細胞が**分裂**するときに**核**の中に現れるひものようなものを何というか。

❷ 細胞分裂のようすを観察するときに核を赤く染める染色液は何か。

❸ **体細胞分裂**に対して，**精細胞**や**卵細胞**などの**生殖細胞**がつくられるときに行われる，❶の数が半分になる分裂を何というか。

❹ ❸のとき，対になっている**遺伝子**は分かれて１つずつ別々の生殖細胞に入る。この法則を何というか。

⑤ ミカヅキモなどの体細胞分裂やジャガイモなどの**栄養生殖**を**無性生殖**というのに対して，生殖細胞が**受精**することで新しい**個体**をつくる方法を何というか。

❻ 生物の特徴となる形や性質を何というか。

❼ 親の❻が子や孫の世代に現れることを何というか。

❽ 丸い種子をつくる**純系**のエンドウとしわのある種子をつくる純系のエンドウをかけ合わせたところ，できた種子(子)はすべて丸い種子であった。このとき，しわに対して丸を何というか。

❾ 丸い種子をつくる❻を伝える遺伝子をＡ，しわのある種子をつくる❻を伝える遺伝子をａとしたとき，❽でできた子の遺伝子の組み合わせはどうなるか。

❿ ❾と同様に，❽でできた子を**自家受粉**させてできた孫の代がもつ遺伝子の組み合わせはどうなるか(３つ)。

⓫ ❿でできた孫の代で，丸い種子としわのある種子の現れ方の比はどうなるか(最も簡単な整数の比で)。

⓬ ２重らせん構造になっている遺伝子の本体のことを何というか(アルファベット３文字で)。

⓭ **無機物**から**有機物**をつくる生物を**生産者**というのに対して，生産者がつくった有機物を食べる生物を何というか。

⑭ 生物間の食べる・食べられるという関係(**食物連鎖**)が網の目のようになったものを何というか。

❶	❷	❸	❹　　　の法則
⑤　　　生殖	❻	❼	❽
❾	❿　・　・	⓫ 丸　：　しわ	⓬
⓭	⑭		

答えは59ページの右

①② 植物細胞の細胞分裂のようす

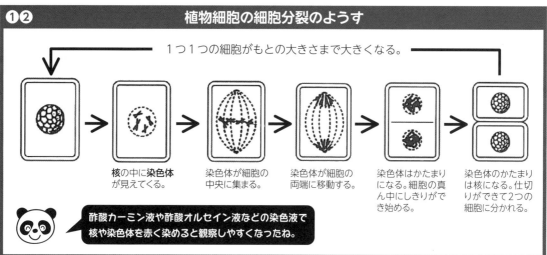

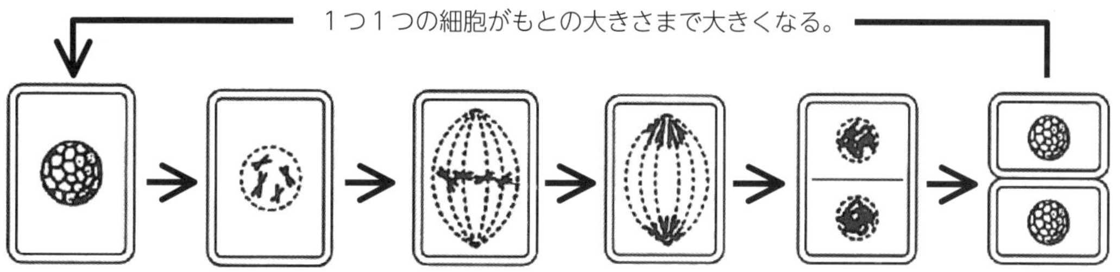

核の中に**染色体**が見えてくる。

染色体が細胞の中央に集まる。

染色体が細胞の両端に移動する。

染色体はかたまりになる。細胞の真ん中にしきりができ始める。

染色体のかたまりは核になる。仕切りができて2つの細胞に分かれる。

酢酸カーミン液や酢酸オルセイン液などの染色液で核や染色体を赤く染めると観察しやすくなったね。

⑥⑧ 顕性と潜性

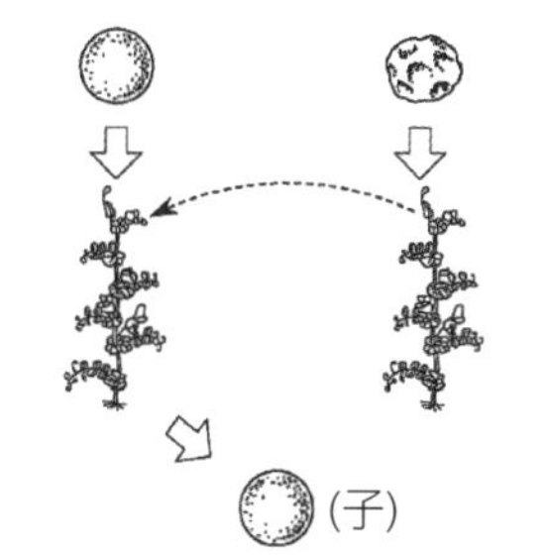

子はすべて丸い種子になる。対立形質をもつ純系の親どうしをかけ合わせたとき，子に現れる**形質**を**顕性**，現れない形質を**潜性**という。

③④⑦⑨⑩⑪⑫ 減数分裂と分離の法則，遺伝

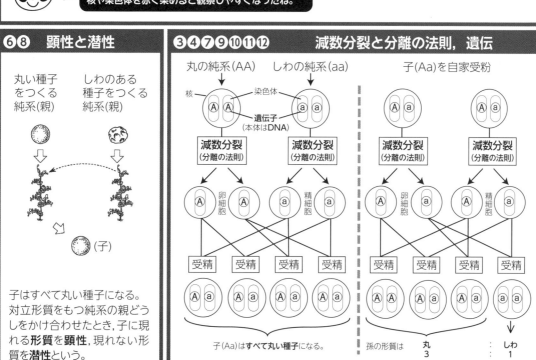

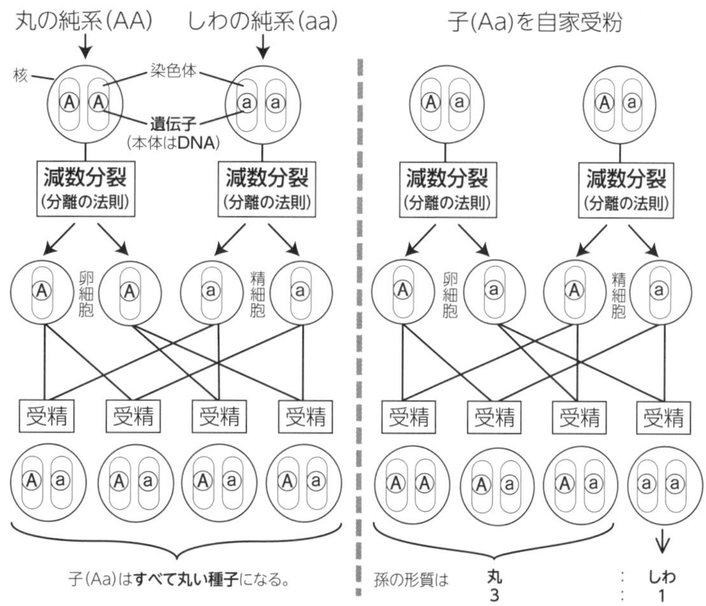

⑬ 食物連鎖と生物の数量変化

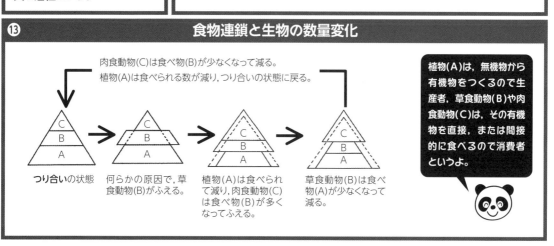

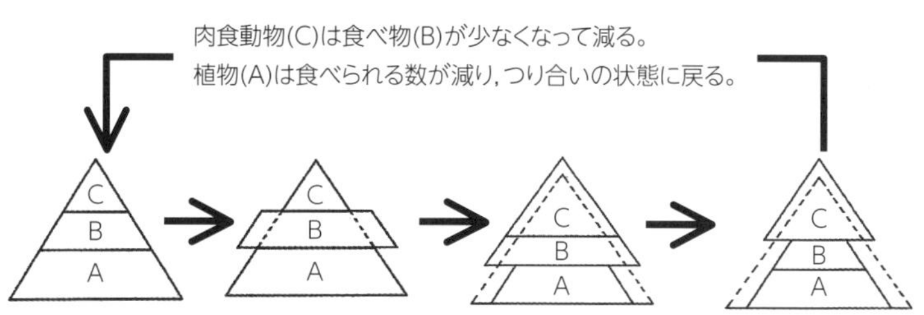

肉食動物(C)は食べ物(B)が少なくなって減る。
植物(A)は食べられる数が減り，つり合いの状態に戻る。
C
B
A

つり合いの状態

何らかの原因で，草食動物(B)がふえる。

植物(A)は食べられて減り，肉食動物(C)は食べ物(B)が多くなってふえる。

草食動物(B)は食べ物(A)が少なくなって減る。

植物(A)は，無機物から有機物をつくるので生産者，草食動物(B)や肉食動物(C)は，その有機物を直接，または間接的に食べるので消費者というよ。

16 地学分野(1)

火山・地層

❶ 火山の形はマグマの何によって決まるか。

② **噴火**のときにふき出された物質を**火山噴出物**といい，**火山灰**，**火山れき**，**火山弾**，**溶岩**，**軽石**，**火山ガス**などがある。火山ガスの主成分は何か。

❸ マグマが冷え固まった岩石を**火成岩**という。マグマが地下深くでゆっくり冷え固まってできた火成岩を何岩というか。

❹ ❸は同じくらいの大きさの**鉱物**がきっちりと組み合わさってできている。このようなつくりを何組織というか。

❺ マグマが地表近くで急に冷やされて固まるため，**斑晶**(大きな鉱物)と**石基**(小さな鉱物の集まり)が見られる**斑状組織**というつくりをもつ火成岩を何岩というか。

❻ 火成岩に対して，**地層**が押し固められてできた岩石を何岩というか。

❼ **泥岩**，**砂岩**，**れき岩**に含まれる粒は，流水のはたらきにより，角がとれ丸みをおびている。これらは何によって区別されるか。

❽ 深い海底で堆積することが多いのは泥とれきのどちらか。

❾ 河口から近いところで堆積することが多いのは泥と砂のどちらか。

⑩ 火山灰が押し固められてできたものを何岩というか。

⑪ ❻の中で，うすい塩酸をかけると二酸化炭素が発生するものを何岩というか。

⓬ アサリの化石のように，地層ができた当時の**環境**を示す化石を何化石というか。

⓭ 火山灰の層のように，地層の広がりを知る手がかりとなる層を何というか。

⓮ ビカリアの化石のように，地層ができた当時の**地質年代**がわかる化石を何化石というか。

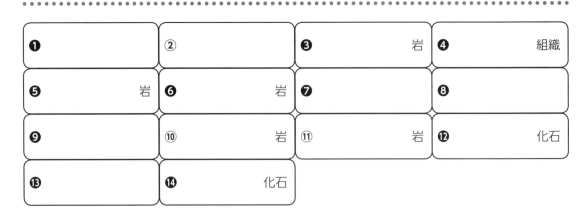

❶	②	❸ 岩	❹ 組織
❺ 岩	❻ 岩	❼	❽
❾	⑩ 岩	⑪ 岩	⓬ 化石
⓭	⓮ 化石		

答えは60ページの左

❶ 火山の形とマグマのねばりけ

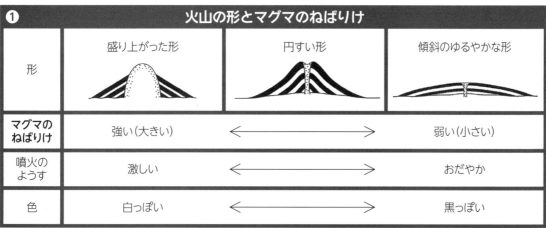

形	盛り上がった形 	円すい形 	傾斜のゆるやかな形 
マグマのねばりけ	強い(大きい)	⟷	弱い(小さい)
噴火のようす	激しい	⟷	おだやか
色	白っぽい	⟷	黒っぽい

❸❹❺❻ 火成岩と堆積岩

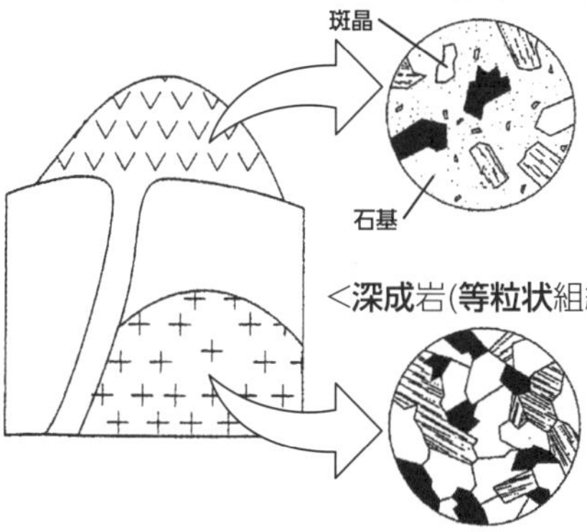

<**火山**岩(**斑状**組織)>

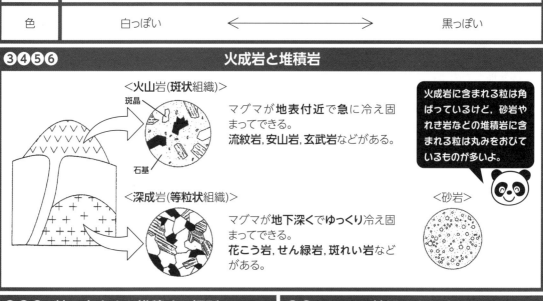

マグマが**地表付近**で**急**に冷え固まってできる。
流紋岩, 安山岩, 玄武岩などがある。

<**深成**岩(**等粒状**組織)>

マグマが**地下深く**で**ゆっくり**冷え固まってできる。
花こう岩, せん緑岩, 斑れい岩などがある。

火成岩に含まれる粒は角ばっているけど, 砂岩やれき岩などの堆積岩に含まれる粒は丸みをおびているものが多いよ。

<砂岩>

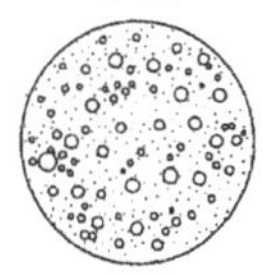

❼❽❾ 粒の大きさと堆積する場所

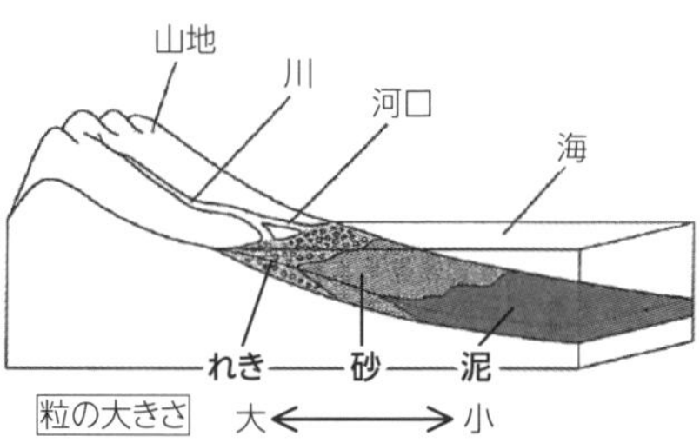

粒が大きいほど, 河口近く(浅い海)に堆積するよ。

⓮ 示準化石

<地層ができた当時の地質年代がわかる化石>

サンヨウチュウ
(古生代)

アンモナイト
(中生代)

ビカリア
(新生代)

⓬⓭ 地層のようす

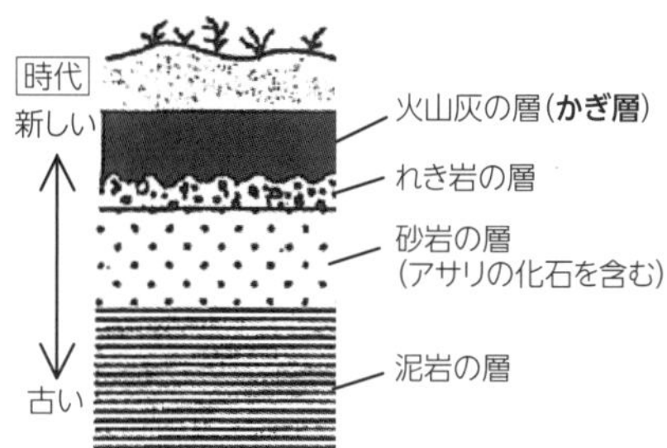

砂岩の層に**アサリ**の化石が含まれていることから, この層ができた当時の環境は, **浅い海**であったと考えられる。このように, 当時の環境を示す化石を**示相化石**という。

粒の大きさに着目すると, 泥岩, 砂岩, れき岩の層が堆積していくときには, 海の深さが浅くなっていった(海水面が下降していった)ことがわかるね。

17 地学分野(2)

緊急地震速報って,
すばらしいシステムだね。

地震，大地の変動

❶ 地下で地震の発生した場所を何というか。

❷ ❶の真上の地表地点を何というか。

❸ **P波**によって起こる，はじめに伝わる小さなゆれを何というか。

❹ **S波**によって起こる，❸に続いて伝わる大きなゆれを何というか。

❺ P波が到着してからS波が到着するまでの時間を何というか。

❻ ❺は，❶からの距離とどのような関係にあるか。

⑦ 観測地点でのゆれの程度で，0，1，2，3，4，5弱，5強，6弱，6強，7の10段階に分けられているものを何というか。

⑧ 地震の規模(地震そのもののエネルギーの大きさ)を表す数値を何というか。

❾ 地球の表面をおおっている十数枚の岩盤を何というか。

❿ 海底で❾がつくられるところを**海嶺**というのに対して，❾の境目で海底の溝状にへこんだ地形を何というか。

⓫ 日本付近の❾の境目で起こる地震で，❶が深いのは太平洋側と日本海側のどちらか。

⓬ 海底で地震が起こると発生し，大きな被害をもたらすことがある現象を何というか。

⓭ 地下の岩盤に力が加わり，岩盤が破壊されることでできるずれを何というか。

⑭ ⓭の中で，今後も活動して地震を起こす可能性があるものを何というか。

⓯ 地層を押し縮める大きな力がはたらいてできた地層の曲がりを何というか。

⓰ 地震などにより，土地が沈むことを**沈降**というのに対して，土地がもり上がることを何というか。

❶	❷	❸	❹
❺ 時間	❻ の関係	⑦	⑧
❾	❿	⓫	⓬
⓭	⑭	⓯	⓰

答えは60ページの左

❶❷❾❿⓫⓬ ★震源の分布とプレートの動き

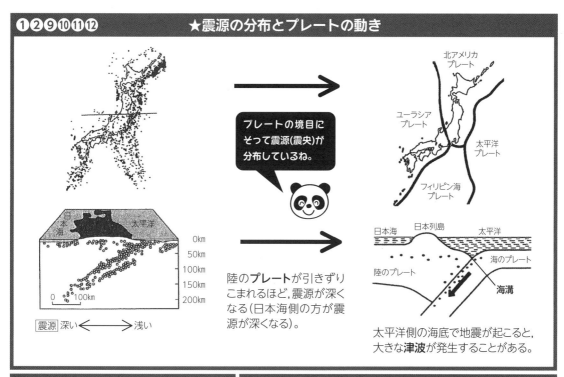

プレートの境目にそって震源(震央)が分布しているね。

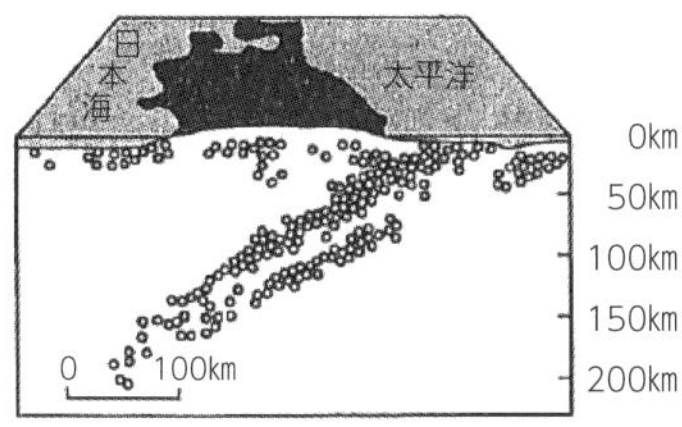

震源 深い←→浅い

陸の**プレート**が引きずりこまれるほど，震源が深くなる(日本海側の方が震源が深くなる)。

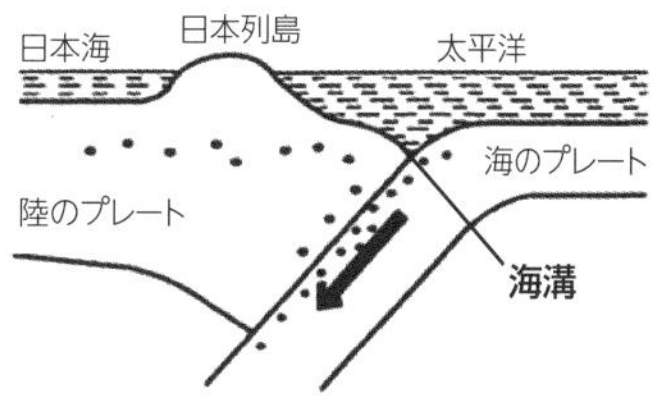

太平洋側の海底で地震が起こると，大きな**津波**が発生することがある。

❸❹❺❻ 地震計の記録

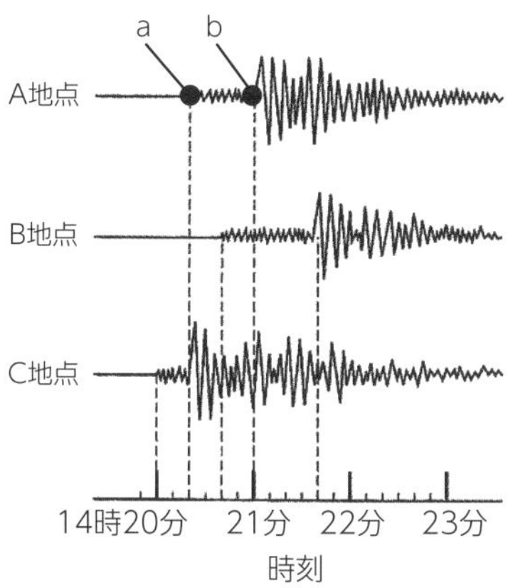

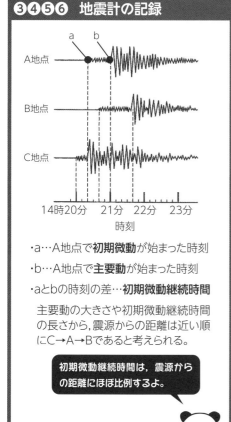

- a…A地点で**初期微動**が始まった時刻
- b…A地点で**主要動**が始まった時刻
- aとbの時刻の差…**初期微動継続時間**

主要動の大きさや初期微動継続時間の長さから，震源からの距離は近い順にC→A→Bであると考えられる。

初期微動継続時間は，震源からの距離にほぼ比例するよ。

P波，S波の速さ

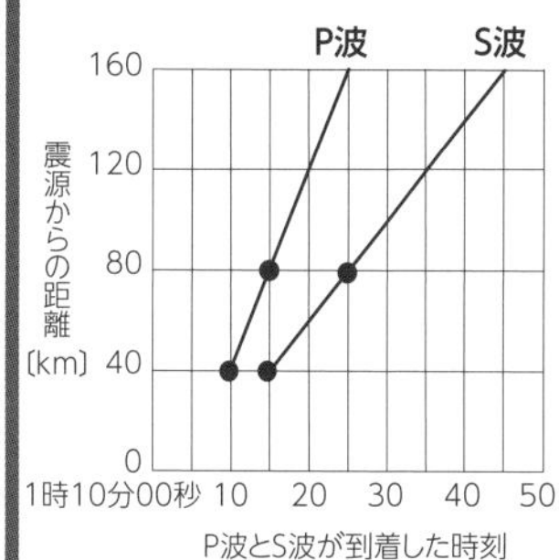

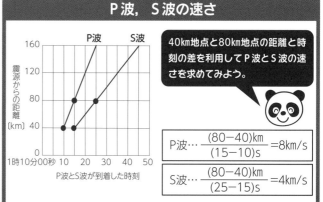

40km地点と80km地点の距離と時刻の差を利用してP波とS波の速さを求めてみよう。

P波… $\dfrac{(80-40)\text{km}}{(15-10)\text{s}}=8\text{km/s}$

S波… $\dfrac{(80-40)\text{km}}{(25-15)\text{s}}=4\text{km/s}$

⓭⓯⓰ 大地の変動

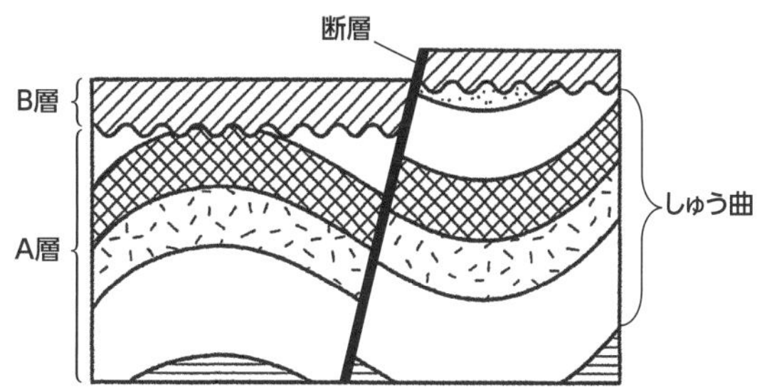

A層が堆積し，しゅう曲ができたあと，海底の土地が**隆起**して陸地となり，風化や侵食などによって表面がでこぼこになった。その後，**沈降**して再び海底になり，その上にB層が堆積し，断層ができた。

18 地学分野(3)

なんで夏になると，近所の
おじさんは水をまくのかな？

水蒸気

❶ 1 m³の空気が含むことのできる最大の水蒸気量を何というか。

❷ 水蒸気を含む空気を冷やしていくと，水蒸気が**凝結**して水滴に変わる。このときの温度を何というか。

❸ そのときの気温の❶に対する空気 1 m³に含まれる水蒸気量の割合を何というか。

$$\left[❸(\%) = \frac{\textbf{空気に含まれる水蒸気量}(g/m^3)}{❶(g/m^3)} \times 100\right]$$

❹ ❷に達したときの空気の❸は何％か。

⑤ 気温が 25℃，❷が 15℃の空気がある。

(5℃での❶を 6.8 g /m³，15℃での❶を 12.8 g /m³，25℃での❶を 23.1 g /m³とする)

ア．この空気は 1 m³あたり，あと何 g の水蒸気を含むことができるか。
イ．この空気を 5℃まで冷やすと 1 m³あたり，水滴は何 g できるか。
ウ．この空気の❸は何％か（小数第 2 位を四捨五入）。

❻ 雲のでき方を説明した次の文のア～エにあてはまる言葉は何か。

水蒸気を含んだ空気のかたまりが［ ア ］すると，上空ほど気圧が［ イ ］ので，空気のかたまりは［ ウ ］する。［ ウ ］して空気のかたまりの温度が［ エ ］，❷に達して水蒸気が氷の粒や水滴に変わる。これが雲である。

❼ 晴れのときの雲量は何～何か（数字で）。

❽ 快晴は○，くもりは◎，雨は●で表す。晴れはどのように表すか。

❾ 風向は，風がふいてくる方角とふいていく方角のどちらで表すか。

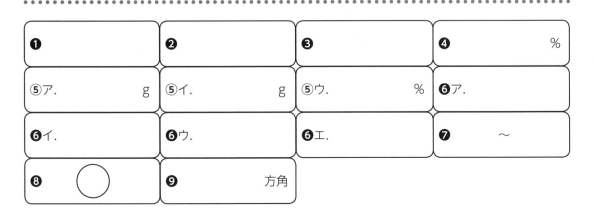

❶	❷	❸	❹ ％
⑤ア． g	⑤イ． g	⑤ウ． ％	❻ア．
❻イ．	❻ウ．	❻エ．	❼ ～
❽ ○	❾ 方角		

答えは60ページの左

❶❷❸❹ 飽和水蒸気量と露点

(例)気温20℃で9.4g/m³の水蒸気を含む空気の温度を下げる

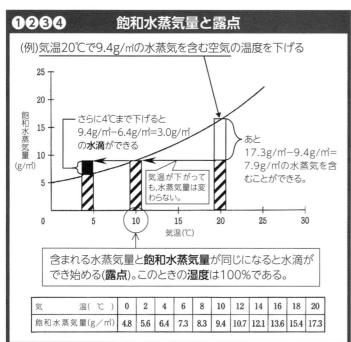

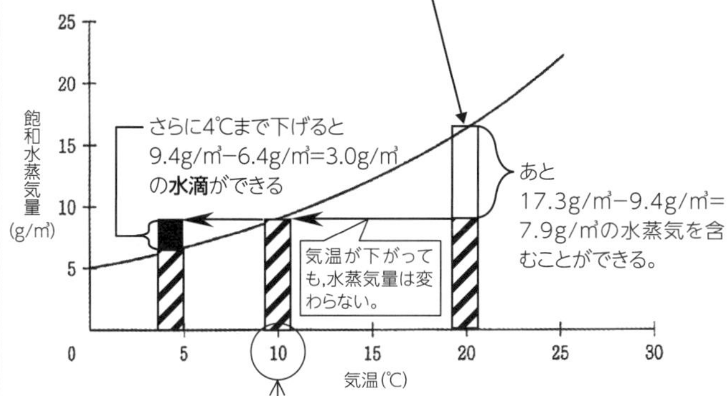

含まれる水蒸気量と**飽和水蒸気量**が同じになると水滴ができ始める(**露点**)。このときの**湿度**は100%である。

気温(℃)	0	2	4	6	8	10	12	14	16	18	20
飽和水蒸気量(g/m³)	4.8	5.6	6.4	7.3	8.3	9.4	10.7	12.1	13.6	15.4	17.3

露点を調べる

境目に注目すると,くもり始めに気づきやすくなる。

くみ置きの水(**室温と同じ温度の水**)を入れておく。

金属には熱を伝えやすい性質があったね。

乾湿計と湿度表

<乾湿計>

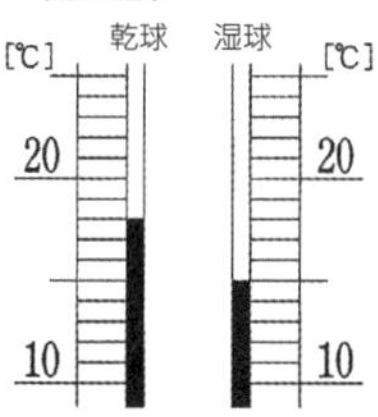

<湿度表>

乾球の示す温度(℃) \ 乾球と湿球の示す温度の差(℃)	0.0	1.0	2.0	3.0	4.0	5.0
19	100	90	81		63	54
18	100	90	80	71	62	53
17	100	90	80	70	61	51
16	100	89	79	69	59	50
15	100	89	78	68	58	48

・湿度の求め方

Ⅰ.乾球の示度(気温)を読みとる。→18.0℃

Ⅱ.乾球の示度と湿球の示度の差を求める。
→18.0℃−15.0℃=3.0℃

Ⅲ.ⅠとⅡで求めた数値と湿度表から71%だとわかる。

湿球温度計の方が示度が低いのは,球部にまかれたガーゼから水が蒸発するときに熱をうばっていくからだよ。

❻ 雲のでき方

<自然界での雲のでき方>

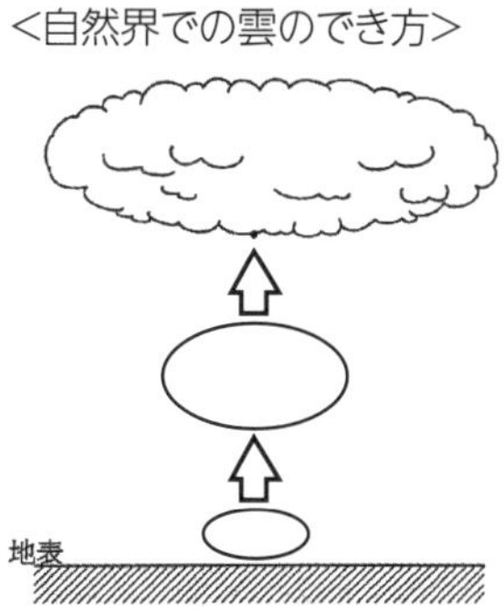

<ピストンで雲をつくる実験>

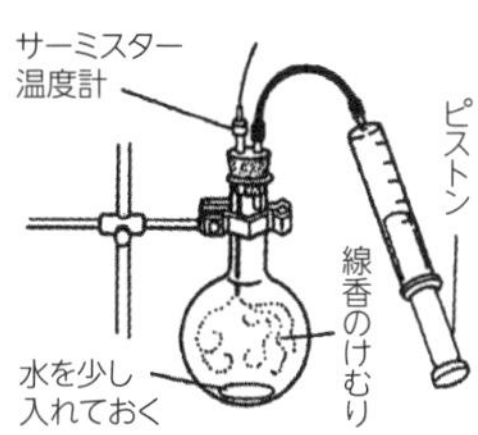

ピストンを引くと雲ができて,押すとくもりが消えるよ。

Ⅰ.空気のかたまりが**上昇**する。

Ⅱ.上空は気圧が低いので空気のかたまりが**膨張**する。

Ⅲ.空気のかたまりの**温度が下がる**。

Ⅳ.さらに上昇して温度が下がり,**露点に達して**雲ができる。

❼❽❾ 天気図記号

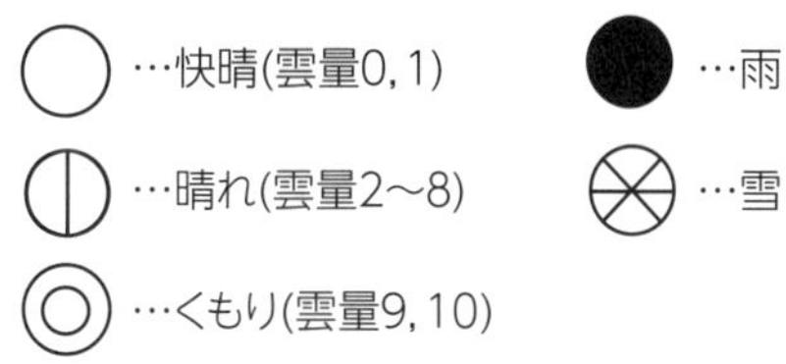

空全体を10としたときの雲が占める割合を**雲量**という。

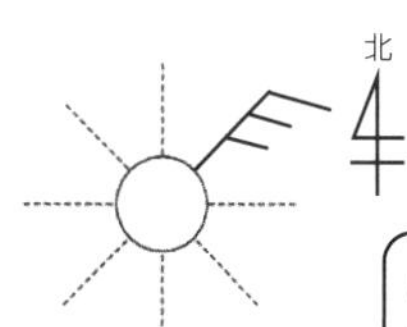

天気…快晴
風向…北東
風力…3

風向は風が**ふいてくる**方角を表す。

19 地学分野(4)

朝焼けは雨，夕焼けは晴れ。天気に関することわざだよ。

天気

❶ 1000hPa を基準に 4 hPa ごとに引かれ，20hPa ごとに太線にする，気圧が等しい地点を結んだ曲線を何というか。

❷ まわりより気圧が高い部分を**高気圧**というのに対して，まわりより気圧が低く，中心では**上昇気流**が生じ，雲が発生しやすくなっている部分を何というか。

❸ 気温や湿度などの異なる空気のかたまり(**気団**)が接した境の面を何というか。

❹ ❸が地表面と交わるところを何というか。

❺ 中緯度帯で発生し，❹をともなう❷を何というか。

❻ **寒気**が**暖気**の下にもぐりこみ，寒気が暖気を押し上げながら進むため**積乱雲**が発生し，通過とともに激しい雨が短時間降り，通過後に気温が下がる❹を何というか。

❼ 暖気が寒気の上をはい上がり，暖気がゆるやかに上昇していくため**乱層雲**や**高層雲**が発生し，通過前におだやかな雨が長時間降り，通過後に気温が上がる❹を何というか。

❽ 日本付近の天気が西から東へ変化していくのは，中緯度帯の上空をふく風のためである。この風を何というか。

❾ 夏に勢力が強くなる，日本の南にあるあたたかくしめった気団を何というか。

❿ 夏の前後には，❾と冷たくしめった**オホーツク海気団**の勢力がほぼ同じになり，日本付近にできる❹によって，雨やくもりの日が多くなる。この❹を何というか。

⓫ 冬は冷たく乾燥した**シベリア気団**の影響で，日本には北西の**季節風**がふき，日本海側では雪の日が多くなり，太平洋側では乾燥した晴れの日が続く。冬の時期の典型的な**気圧配置**を何というか。

⑫ 低緯度帯で発生した**熱帯低気圧**のうち，最大風速が 17.2m/s 以上のものを何というか。

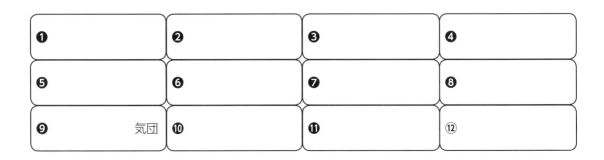

❶	❷	❸	❹
❺	❻	❼	❽
❾ 気団	❿	⓫	⑫

答えは60ページの左

❷⓫ 低気圧と高気圧

<高気圧の中心>

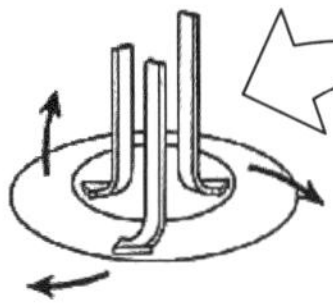

・**下降気流**が生じ，風がふき出す。

・天気が良い。

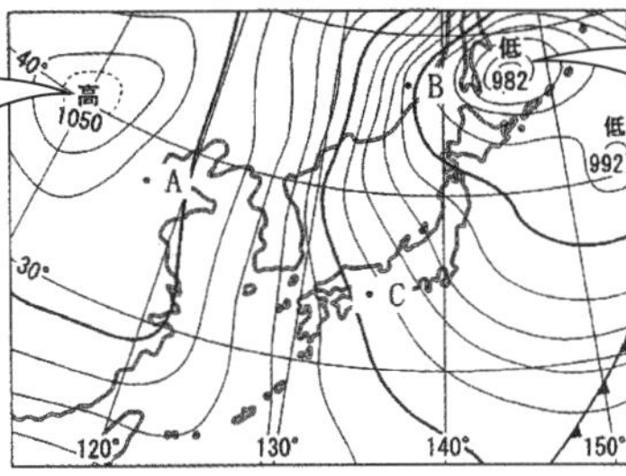

<低気圧の中心>

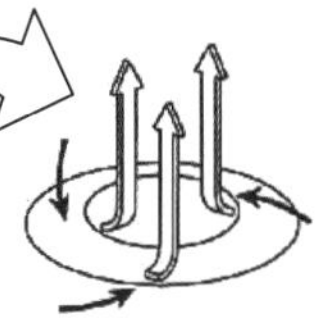

・風がふきこみ，**上昇気流**が生じる。

・天気が悪い。

この天気図は，西高東低の冬型の気圧配置になっているね。

気温と湿度

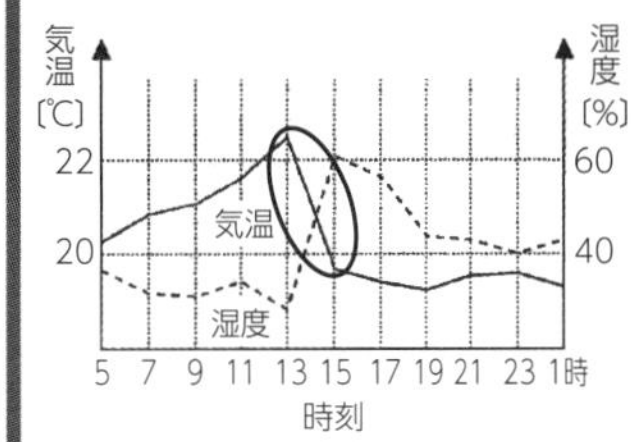

・上図で，13時から15時の間に**気温が急に下がっている**ことから，**寒冷前線が通過**したと考えることができる。

・晴れているときは，**気温と湿度のグラフの形が逆**になる。これは，気温が上昇すると，飽和水蒸気量も大きくなり，水蒸気の含まれる割合(湿度)が小さくなるからである。

❶❸❹❺❻❼ 温帯低気圧と寒冷前線，温暖前線

寒冷前線

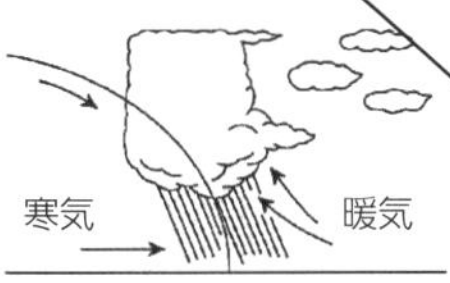

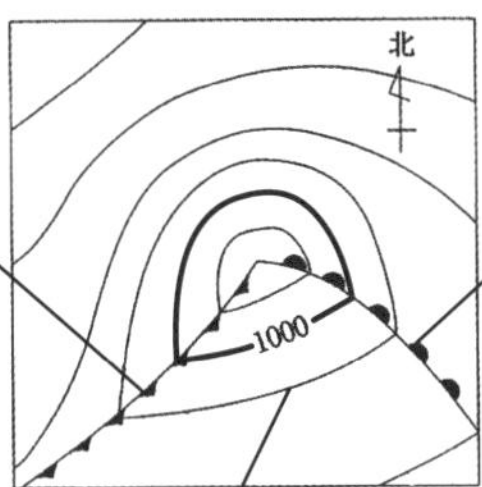

温暖前線

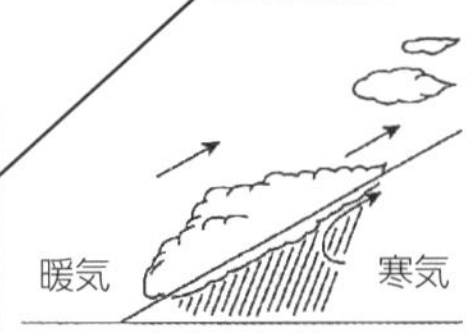

寒気が暖気を激しくもち上げて**積雲状の雲**が発達する。

せまい範囲に，**短**時間，**激しい**雨が降る。前線通過後は，気温が急に**下がり**，風向が**南よりから北より**に変わる。

等圧線

間隔が**せまい**ほど，風が強い。

暖気が寒気の上をはい上がっていき，**層状の雲**ができる。

広い範囲に，**長**時間，**おだやか**な雨が降る。前線通過後は，気温が**上がる**。

寒気と暖気の境の面を前線面，前線面が地表面と交わるところを前線というよ。

❽ 天気の変化

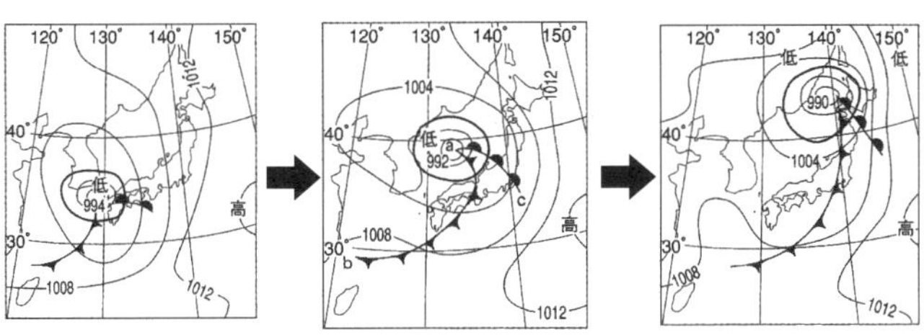

中緯度上空をふく**偏西風**によって，低気圧の中心は日本付近を**西から東へ**移動していく。また，寒冷前線と温暖前線の開き具合がせまくなっていくことや，低気圧が発達する(低気圧の中心の気圧が低くなる)ことからも時間の経過を知ることができる。

寒冷前線が温暖前線に追いついたものを閉そく前線というよ。

❾❿ 停滞前線と気団

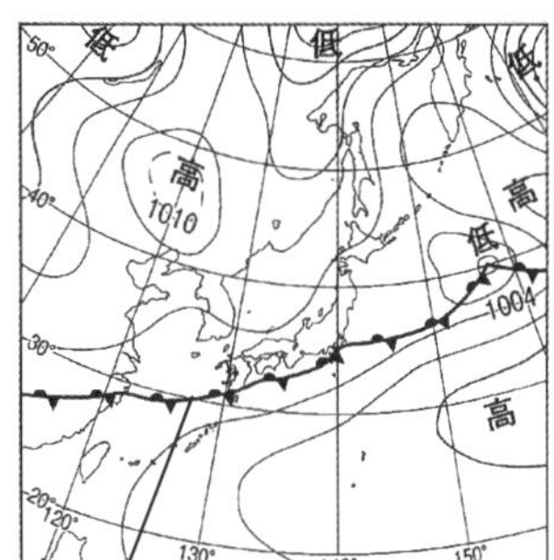

停滞前線

冷たくしめった**オホーツク海気団**とあたたかくしめった**小笠原気団**の勢力がほぼ同じになると，停滞前線ができる。夏の前後にできやすく，夏の前にできる停滞前線を特に**梅雨前線**，その時期を梅雨という。

20 地学分野(5)

♪東からのぼったお日様が
西へ沈む～。これでいいんだ。

自転と公転

❶ 太陽は朝，東からのぼり，昼ごろ南の空で最も高くなり，夕方西に沈む。昼ごろ南の空で最も高くなることを何というか。

❷ **透明半球**に，サインペンの先端の影が透明半球を置いた円の中心(観測者の位置)と一致する位置に一定時間ごとに印をつけて記録をすると，太陽の１日の動きを調べることができる。このような太陽の１日の動きを何というか。

❸ 透明半球で，太陽の通り道が東の縁とぶつかるところは何の位置になるか。

❹ 南の空での星の１日の動きは太陽と似ているが，北の空での星の動きはある星を中心に反時計回りに回っている。この中心になっている星を何というか。

❺ 太陽や星の❷は，地球が西から東へ約１日で１周回転していることにより起こる見かけの動きである。この地球の回転を何というか。

❻ 地球が１時間でする❺の回転は何度か。

❼ ❹は，❺の回転軸の延長線付近にあるため，ほとんど動かないように見える。この回転軸を何というか。

❽ ❼が傾いているため，季節によって❶の高度が異なる。その高度が最も高くなる日は何の日か。

❾ 地球が太陽のまわりを約１年で１周する動きを何というか。

❿ 地球が１ヶ月でする❾の動きは太陽に対して約何度か。

⓫ **春分**，**秋分**の日では，日の出・日の入りの位置が真東・真西になるが，**夏至**の日では，真東・真西よりも南よりと北よりのどちらになるか。

⓬ １年で最も昼の時間が長い日は夏至の日であるが，最も昼の時間が短い日は何の日か。

❶	❷	❸	❹
❺	❻ 度	❼	❽ の日
❾	❿ 度	⓫ より	⓬ の日

答えは60ページの右

❶❷❹❺❼ 天体の日周運動

〈東の空〉 〈南の空〉 〈西の空〉 〈北の空〉

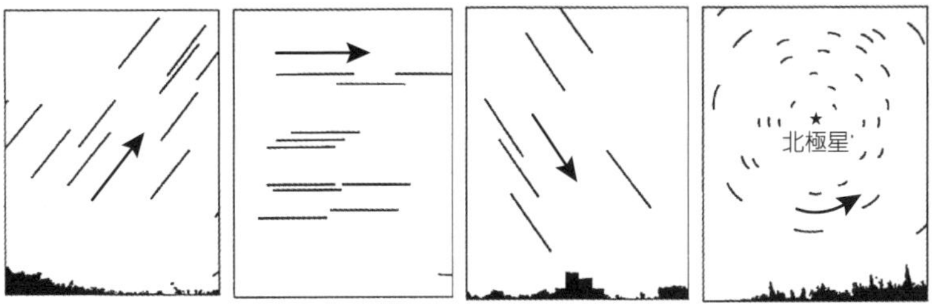

・東の地平線からのぼり，南の空で最も高くなり(**南中**)，西の地平線に沈む。

・北の空では，**北極星**を中心に**反時計回り**に動いて見える。北極星は**地軸の延長線付近**にあるため，ほとんど動かない。

天体の日周運動は，地球の自転による見かけの動きだよ。

❻ 自転の速さ

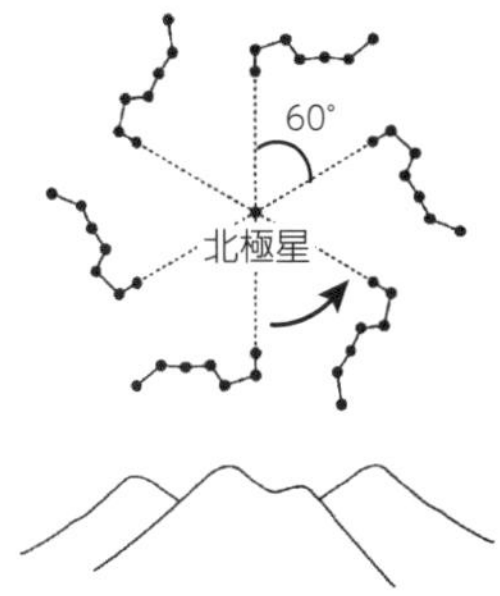

1日(24時間)で1周(360度)回転するので，**1時間**では 360÷24=**15度** 動く。上図は，4時間ごとの北斗七星の位置を示したものである。

❸ 透明半球の記録

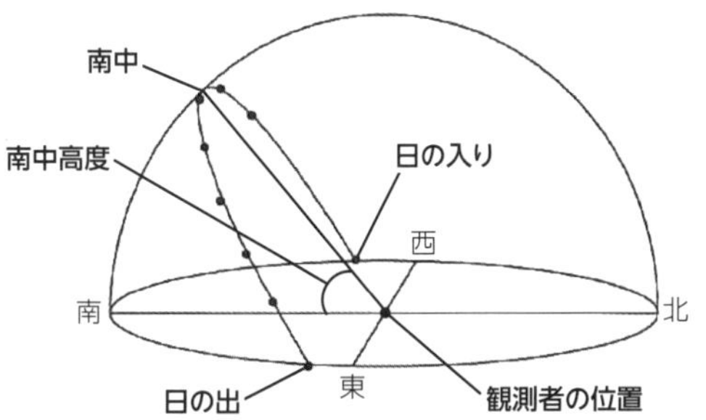

透明半球で方角を決めるときは，太陽の通り道の傾きを見て南から決めるとよい。

❽⓫⓬ 季節ごとの太陽の通り道

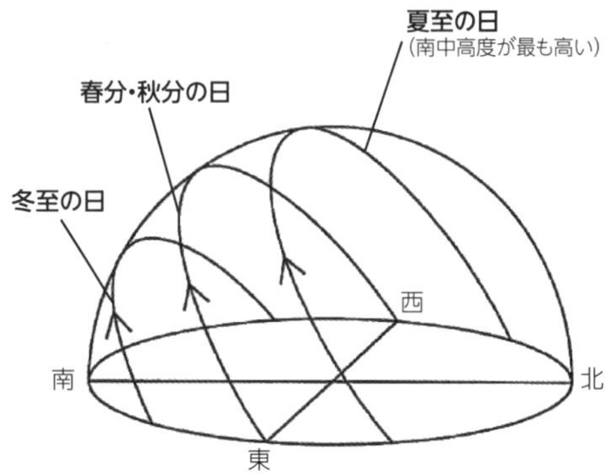

春分，秋分の日の日の出・日の入りの位置は**真東・真西**である。夏至の日は真東・真西よりも**北より**，冬至の日は真東・真西よりも**南より**になる。

冬至の日は，太陽の通り道が短いから昼の時間が短いんだね。

❾❿ 季節の変化

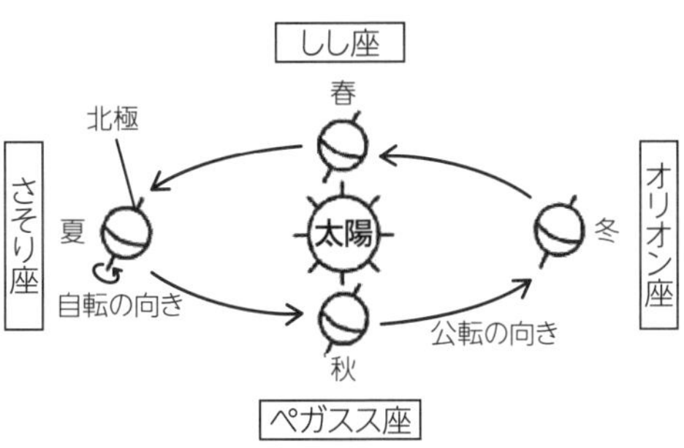

自転，**公転**の向きは北極側から見て**反時計回り**である。

・地球が公転することで，季節によって同じ時刻に見える星座が異なる。

・地球は1年(12ヶ月)で太陽のまわりを約1周(360度)公転するので，**1ヶ月**では約 360÷12=**30度** 公転する。

・**地軸を傾けたまま公転**することで，1年を通して南中高度が変化し，日本では四季の変化が起こる。

北極側が太陽の方に傾いているのが日本が夏のときの地球だよ。それぞれの季節の代表的な星座も覚えよう。

21 地学分野(6)

すい・きん・ち・か・もく・
どっ・てん・かい。

太陽系と月

❶ 太陽や**北極星**のように自ら光を出している天体を何というか。

❷ 太陽の表面温度は約 6000℃であるが，約 4000℃の暗くなっている部分を何というか。

❸ 太陽の表面のようすを天体望遠鏡を使って調べると，❷の部分の位置と形は日がたつにつれて変化していく。形の変化から太陽が**球形**であることがわかるが，位置の変化から太陽がしている動きがわかる。この動きとは何か。

❹ 太陽のまわりを**公転**している８つの天体(**水星**，**金星**，**地球**，**火星**，**木星**，**土星**，**天王星**，**海王星**)を何というか。

❺ ❹のうち，水星や金星のように地球から見て大きく**満ち欠け**する天体は，地球よりも太陽に近いところを公転している。このような天体は，地球から真夜中に見ることができるか。

❻ 地球から金星が見えるのは，明け方の東の空と夕方のどの方角の空か。

❼ 金星が地球に近づきつつあるとき，金星の見かけの大きさ(光っていないところも含める)は大きくなるが，金星の欠け方はどうなるか。

❽ 月のように❹のまわりを公転している天体を何というか。

❾ 北極側から見たとき，月の公転と自転の向きは時計回りと反時計回りのどちらか。

❿ 太陽，地球，月(**満月**)の順で一直線に並んだときに起こる月が欠けて見える現象を何というか。

⓫ 太陽，月(**新月**)，地球の順で一直線に並んだときに起こる太陽が欠けて見える現象を何というか。

⓬ 新月(●)，満月(○)，**上弦の月**(◐)，**下弦の月**(◑)を，新月から始めて地球から見える順に並べかえるとどうなるか(モデル図で)。

❶	❷	❸	❹
❺	❻ の空	❼	❽
❾ 回り	❿	⓫	⓬ ●→ → →

答えは60ページの右

②③ 太陽の観察

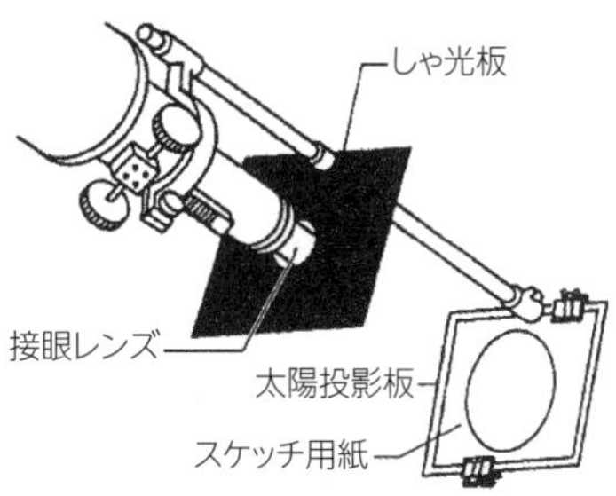

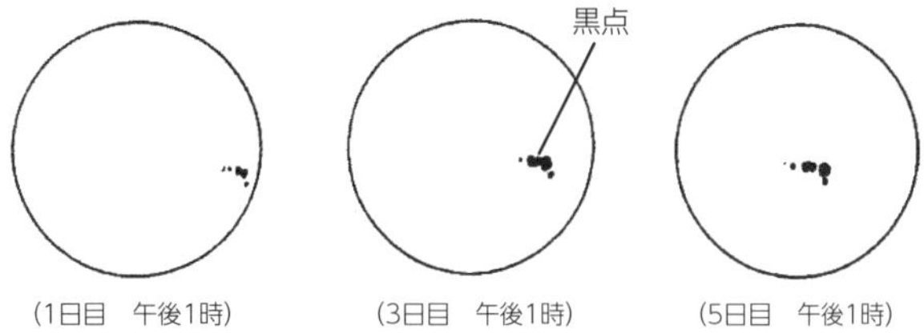

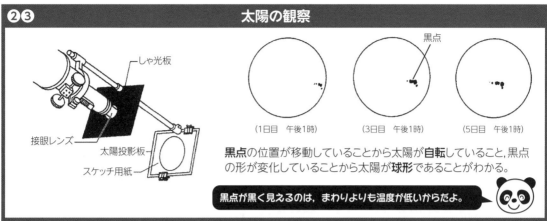

黒点の位置が移動していることから太陽が**自転**していること，黒点の形が変化していることから太陽が**球形**であることがわかる。

黒点が黒く見えるのは，まわりよりも温度が低いからだよ。

①④⑤⑥⑦ 金星の見え方

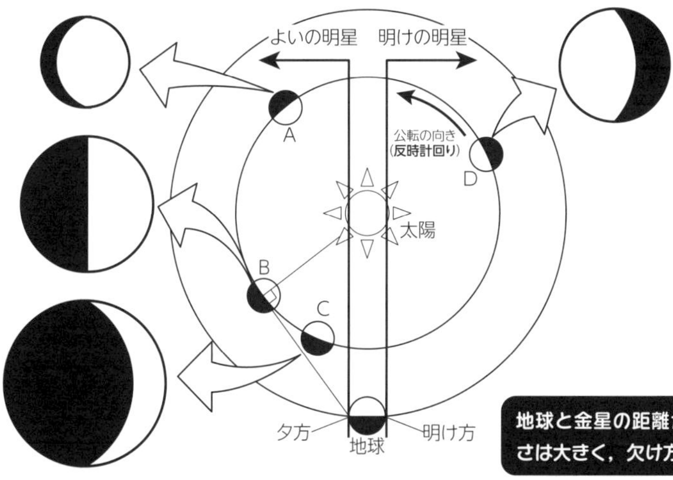

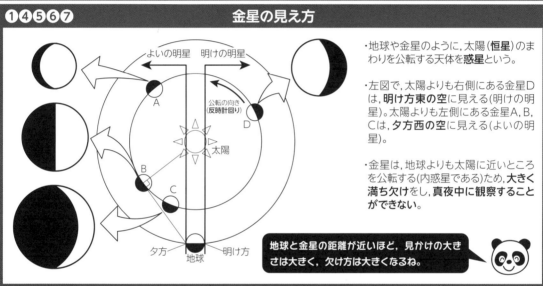

・地球や金星のように，太陽(**恒星**)のまわりを公転する天体を**惑星**という。

・左図で，太陽よりも右側にある金星Dは，**明け方東の空**に見える(明けの明星)。太陽よりも左側にある金星A，B，Cは，**夕方西の空**に見える(よいの明星)。

・金星は，地球よりも太陽に近いところを公転する(内惑星である)ため，**大きく満ち欠け**をし，**真夜中に観察することができない**。

地球と金星の距離が近いほど，見かけの大きさは大きく，欠け方は大きくなるね。

⑧⑨⑩⑪⑫ 月の見え方

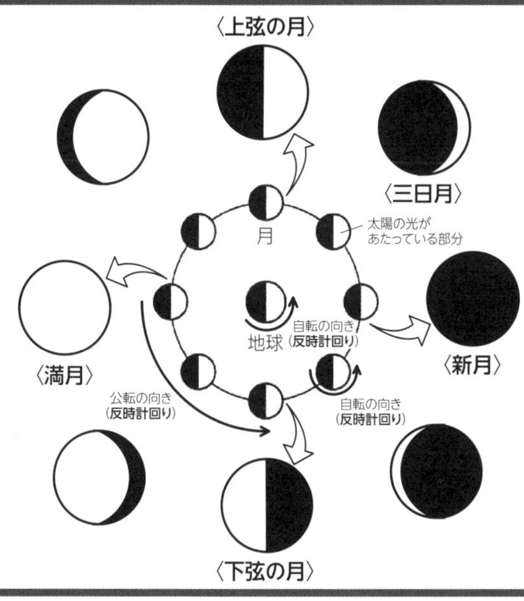

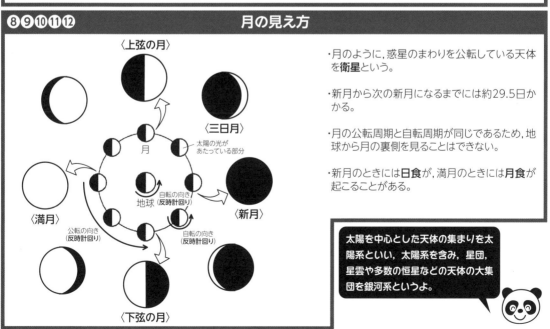

・月のように，惑星のまわりを公転している天体を**衛星**という。

・新月から次の新月になるまでには約29.5日かかる。

・月の公転周期と自転周期が同じであるため，地球から月の裏側を見ることはできない。

・新月のときには**日食**が，満月のときには**月食**が起こることがある。

太陽を中心とした天体の集まりを太陽系といい，太陽系を含み，星団，星雲や多数の恒星などの天体の大集団を銀河系というよ。

22 いろいろな計算問題

物理分野 …答えは61ページ

① 焦点距離が10㎝の凸レンズを使って，光源と同じ大きさの実像をスクリーンに映したとき，凸レンズとスクリーンは何㎝離れているか。ページ6 凸レンズによる実像と虚像

cm

② 校舎に向かって発した音が5秒後に反射して聞こえた。音を発した場所は校舎から何m離れているか。なお，音の速さは340m/sとする。ページ6 音の速さ

往復にかかった時間が5秒であることに注意しよう。

m

③ 250 gの物体にはたらく重力の大きさは何Nか。ただし，100 gの物体にはたらく重力の大きさを1Nとし，以下の問題も同様とする。ページ7 ④

N

④ 質量500 gで1辺が10㎝の立方体を机の上に置いたとき，机が立方体から受ける圧力は何Paか。
ページ7 ⑦

$\text{圧力(Pa)} = \dfrac{\text{力の大きさ(N)}}{\text{力を受ける面積(㎠)}} \times 10000$ で求めることもできるよ。

Pa

⑤ 2Nの力で5㎝のびるばねに5Nの力を加えると何㎝のびるか。
ページ8 フックの法則

加える力とばねののびには比例の関係があったね。

cm

⑥ ある物体の，空気中でのばねばかりの示す値が5N，水中に沈めたときにばねばかりが示す値が2Nであるとき，この物体にはたらく浮力の大きさは何Nか。

ばねばかりの値が小さくなった分が浮力の大きさだね。

N

⑦ 5Vの電圧をかけたときに0.2 Aの電流が流れる電熱線に，15 Vの電圧をかけると何Aの電流が流れるか。また，この電熱線の抵抗は何Ωか。
ページ10 オームの法則

A, Ω

⑧ ⑦の電熱線と別の25 Ωの電熱線を直列につないで100 Vの電圧をかけたとき，回路全体に流れる電流は何Aか。
ページ10 直列回路

直列回路では，それぞれの電熱線の抵抗の和が回路全体の抵抗になったね。

A

⑨　⑦の電熱線と別の 25 Ωの電熱線を並列につないで，100 Vの電圧をかけたとき，回路全体に流れる電流は何Aか。ページ10 並列回路

並列回路では，それぞれの電熱線に電源と同じ大きさの電圧がかかったね。
それぞれの電熱線に流れる電流の大きさを求めたら，その和が答えだよ。

A

⑩　ある電気器具に 100 Vの電圧をかけると，４Aの電流が流れた。このとき，電気器具が消費した電力は何Wか。また，この電気器具を５分間使用したときの電力量は何Ｊか。ページ10 電力と水の温度上昇

W,　　　　J

⑪　１秒間に 50 回打点する記録タイマーが，５打点するのにかかる時間は何秒か。また，この区間の長さが５㎝だったときの速さは何㎝/s か。

打点と打点の間隔は，$\frac{1}{50}$ 秒だよ。

秒，　　　　cm/s

⑫　１秒間に 60 回打点する記録タイマーが，９打点するのにかかる時間は何秒か。

打点と打点の間隔は，$\frac{1}{60}$ 秒だよ。

秒

⑬　500 ｇの物体を５ｍの高さまで持ち上げるときの仕事は何Ｊか。ページ15 ❷

J

⑭　500 ｇの物体を１つの動滑車を使って持ち上げるのに必要な力は何Ｎか。また，この物体を 30 度の斜面にそって引き上げるのに必要な力は何Nか。ただし，摩擦や動滑車の重さなどは考えないものとする。ページ16 滑車を使った仕事と仕事率／斜面やてこを使った仕事と仕事の原理

N,　　　　N

⑮　⑭で，物体を５ｍの高さまで持ち上げるときの仕事は何Ｊか。また，この仕事を 50 秒間で行ったときの仕事率は何Wか。ページ16 滑車を使った仕事と仕事率

J,　　　　W

⑯　地面から３ｍの高さにある 500 ｇの物体がもつ位置エネルギーの大きさが 15 Ｊのとき，この物体が落下して地面から２ｍの高さにあるときにもつ運動エネルギーの大きさは何Ｊか。
ページ16 斜面を下る台車と力学的エネルギーの保存

位置エネルギーが地面からの高さに比例することと運動
エネルギーに移り変わることを合わせて考えよう。

J

化学分野 …答えは61ページ

① 質量10.8 g，体積4㎤のアルミニウムの密度は何g /㎤か。
ページ17 ⑩

g/㎤

② 密度7.87 g/㎤の鉄10㎤の質量は何gか。

密度，質量，体積の3つのうち，2つがわかれば残りの1つは計算で求められるね。

g

③ 40℃の水100 gに，硝酸カリウムを溶解度まで溶かしたあと，水の温度を10℃まで冷やした。このとき出てくる硝酸カリウムの結晶は何gか。なお，硝酸カリウムの40℃での溶解度を63.9 g，10℃での溶解度を22 gとする。

溶けきれなくなった分が結晶として出てくるよ。

g

④ 80 gの水に20 gの塩化ナトリウムを溶かしたときの質量パーセント濃度は何%か。
ページ19 ⑮

%

⑤ 25%の食塩水100 gに含まれる水の質量は何gか。

食塩水100 gのうち，25%が食塩の質量，75%が水の質量ということだよ。

g

⑥ 水の電気分解を行ったところ，陰極に5㎤の水素が発生した。このとき，陽極で発生した酸素の体積は何㎤か。 ページ22 水の電気分解

㎤

⑦ 4 gの銅粉を完全に酸化させると5 gの酸化銅ができた。このとき，銅に結びついた酸素は何gか。また，銅粉を10 gにして完全に酸化させると何gの酸化銅ができるか。
ページ22 銅と酸素の反応

酸素 g，酸化銅 g

⑧ 4 gの酸化銅と0.3 gの炭素の粉末を混ぜて加熱したところ，2つの物質は完全に反応し，3.2 gの銅ができた。このとき，発生した二酸化炭素の質量は何gか。

質量保存の法則で考えよう。

g

⑨ 銅とマグネシウムの粉末が合計で7 gある。これを完全に酸化させたところ，10 gの酸化銅と酸化マグネシウムの混合物が得られた。はじめにあった銅とマグネシウムの質量はそれぞれ何gか。なお，銅と酸素が結びつくときの質量比は4：1，マグネシウムと酸素が結びつくときの質量比は3：2である。

銅の質量をx g，マグネシウムの質量をy gとして考えよう。

銅 g, マグネシウム g

生物分野 …答えは 61 ページ

① 接眼レンズの倍率が 10 倍，対物レンズの倍率が 40 倍のとき，顕微鏡の倍率は何倍になるか。

倍

② 同じ大きさの葉で，枚数がそろっている枝を 3 本用意し，A はそのままで，B は葉の表に，C は葉の裏にワセリンをぬった。これらを水を入れた試験管にさして油を注いだ。一定時間後の水の減少量が A は 2.8mL，B は 2.4mL，C は 0.7mL であった。このとき，葉の裏からの蒸散量は何 mL か。

ページ26 葉の裏と表，茎での蒸散量の違い

ワセリンをぬったところでは蒸散が起こらないよ。

mL

③ 丸い種子をつくる純系のエンドウとしわのある種子をつくる純系のエンドウをかけ合わせてできた子はすべて丸い種子であった。この子どうしをかけ合わせてできた孫の丸い種子としわのある種子の数の比を，最も簡単な整数の比で表すとどうなるか。 ページ34 減数分裂と分離の法則，遺伝

丸 ： しわ

④ ③でできた子の代の丸い種子としわのある種子をつくる純系のエンドウをかけ合わせてできた種子で，丸い種子としわのある種子の数の比を，最も簡単な整数の比で表すとどうなるか。

子の代の丸い種子を A a，純系のしわの種子を a a として，新しくできる種子の遺伝子の組み合わせを考えてみよう。

丸 ： しわ

地学分野 …答えは 61 ページ

① ある地震で，震源からの距離が 90km の地点に P 波が到着したのが地震発生から 13 秒後であった。この地震の P 波の速さは何km /s か (小数第 2 位を四捨五入)。

速さ (km/s) = $\frac{\text{距離 (km)}}{\text{時間 (s)}}$ だよ。

km/s

② ある地震で，震源からの距離が 190km の地点に S 波が到着したのが地震発生から 50 秒後であった。この地震の S 波の速さは何km /s か。

km/s

③ ある地震で，震源からの距離が 40km の地点で初期微動継続時間が 8 秒であった。この地震で，震源からの距離が 100km の地点では初期微動継続時間は何秒になるか。

初期微動継続時間は震源からの距離にほぼ比例するんだったね。

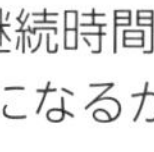

秒

④　ある地震で，震源からの距離が70kmの地点で初期微動が始まったのが13時15分14秒であった。また，この地震で，震源からの距離が105kmの地点で初期微動が始まったのが13時15分19秒であった。この地震の発生時刻は何時何分何秒か。

２地点の差を利用してＰ波の速さを求める→Ｐ波が70kmの地点に届くまでの時間を求める→地震の発生時刻を求める！この手順でやってみよう。

時　分　秒

⑤　気温30℃で，空気１㎥あたり17.3 gの水蒸気を含む空気がある。この空気は１㎥あたり，あと何gの水蒸気を含むことができるか。なお，飽和水蒸気量は気温10℃で7.9 g /㎥，20℃で17.3 g /㎥，30℃で30.4 g /㎥とし，以下の問題も同様とする。

ページ40 飽和水蒸気量と露点

g

⑥　⑤の空気の露点は何℃か。ページ40 飽和水蒸気量と露点

℃

⑦　⑤の空気を10℃まで冷やすと，空気１㎥あたり何gが水滴となるか。ページ40 飽和水蒸気量と露点

g

⑧　⑤の空気の湿度は何％か(小数第２位を四捨五入)。ページ39 ❸

％

⑨　ある日の日の出の時刻が５時10分，日の入りの時刻が18時10分であった。この日の南中時刻は何時何分か。

日の出から南中までと南中から日の入りまでにかかる時間は同じだよ。

時　分

⑩　太陽は，１時間で何度東から西に移動しているように見えるか。ページ43 ❻

度

⑪　北の空で，ある恒星が北極星を中心に反時計回りに45度移動するのにかかる時間は何時間か。

ページ44 自転の速さ

時間

⑫　ある日の21時ごろ，南の空で，ある恒星を観察した。１ヶ月後，同じ場所からこの恒星が同じ位置に見えるのは何時ごろか。

地球の公転によって１ヶ月で30度西にずれるから，自転で30度戻せばいいんだよ。

時

23 いろいろな論述問題

物理分野
…答えは 62 ページ

① 水中にある物体に浮力がはたらくのはなぜか。 ページ 8 水圧と浮力

② 電磁誘導が起こるのはなぜか。 ページ 11 ❺

③ 交流電流とはどのような電流のことか。 ページ 11 ❾

④ 斜面を下る物体の速さがだんだん速くなるのはなぜか。 ページ 14 記録テープと運動のようす

⑤ 斜面上にある物体にはたらく重力は何と何に分解されるか。 ページ 14 力の合成，分解

化学分野
…答えは 62 ページ

① 石灰水に息をふきこむと，どのような変化が起こるか。 ページ 17 ⓭

② ふつう上方置換法で集める気体はどのような性質をもつ気体か。 ページ 18 気体の集め方

③ 蒸留とはどのような操作か。 ページ 19 ❼

④ 純粋な物質を加熱したときと混合物を加熱したときの温度変化のグラフに見られる違いは何か。
ページ 20 水の状態変化と温度／蒸留と混合物の加熱

⑤　化合物とはどのような物質のことか。 ページ21 ❹

⑥　水の電気分解で，水に水酸化ナトリウムを溶かすのはなぜか。 ページ21 ❼

⑦　炭酸水素ナトリウムの熱分解で，加熱する試験管の口を少し下げるのはなぜか。
ページ22 炭酸水素ナトリウムの熱分解

⑧　銅粉を加熱するときに，かき混ぜながら，繰り返し加熱するのはなぜか。

⑨　還元とはどのような化学変化のことか。 ページ21 ⓬

⑩　電解質とはどのような物質のことか。 ページ23 ❷

⑪　中和とはどのような反応のことか。 ページ23 ⓫

⑫　塩化銅水溶液の電気分解が進むと陰極ではどのような変化が起こるか。 ページ24 塩化銅水溶液の電気分解

生物分野

…答えは62ページ

①　葉のふの部分で光合成が行われないのはなぜか。 ページ26 光合成とヨウ素液の反応

②　試験管にオオカナダモと息をふきこんで緑色にしたＢＴＢ溶液を入れて日光をあてるとＢＴＢ溶液が青色になるのはなぜか。ただし，植物のはたらきと気体の増減に着目すること。 ページ26 呼吸と光合成

③　植物の蒸散量を調べるとき，葉の表や裏にワセリンをぬるのはなぜか。 ページ26 葉の裏と表，茎での蒸散量の違い

④　植物の蒸散量を調べるとき，試験管の水面に油を浮かべるのはなぜか。ページ26 葉の裏と表，茎での蒸散量の違い

⑤　裸子植物とはどのような植物か。ページ27 ❷

⑥　根の先端近くに根毛があることで都合がよいのはどのような点か。ページ27 ⑩

⑦　植物の葉が，上から見たときに重ならないようになっているのはなぜか。

⑧　消化とはどのようなはたらきのことか。ただし，「分子」という言葉を使うこと。
ページ29 ③

⑨　だ液のはたらきを調べる実験で，40℃の湯につけながら実験を行うのはなぜか。
ページ30 だ液のはたらき(だ液せん)

⑩　小腸の壁に無数の柔毛があることで都合がよいのはどのような点か。ページ30 柔毛と毛細血管・リンパ管(小腸)

⑪　体内で不要になったアンモニアはどのようにして排出されるか。ただし，器官名を２つ使うこと。
ページ30 肝臓とじん臓

⑫　心臓や静脈に弁があるのはなぜか。ページ29 ❿

⑬　赤血球に含まれるヘモグロビンにはどのような性質があるか。ページ29 ⓬

⑭　草食動物の目が横向きについていることで都合がよいのはどのような点か。ページ32 肉食動物と草食動物

⑮ 目のつくりで，虹彩にはどのようなはたらきがあるか。ページ32 目のつくり

⑯ 減数分裂とはどのような分裂のことか。ただし，「染色体」という言葉を使うこと。ページ33 ❸

⑰ 細胞の観察をするとき，一度うすい塩酸に入れるのはなぜか。

地学分野

…答えは 62 ～ 63 ページ

① 深成岩はどのようにしてできるか。ページ35 ❸

② れき岩，砂岩，泥岩に含まれる粒が丸みをおびているのはなぜか。ページ35 ❼

③ 地層が下かられき岩，砂岩，泥岩の順に堆積しているとき，海の深さはどのように変化したか。
ページ36 地層のようす

④ 震央とはどのような地点のことか。ただし，「震源」という言葉を使うこと。ページ37 ❷

⑤ 震度とは何か。ページ37 ⑦

⑥ マグニチュードとは何か。ページ37 ⑧

⑦ 露点を調べるときに，くみ置きの水を使うのはなぜか。ページ40 露点を調べる

⑧ 乾湿計で，乾球温度計よりも湿球温度計の方が示度が低いのはなぜか。ページ40 乾湿計と湿度表

⑨ 高気圧とは，どのようなところか。ページ41 ❷

⑩ 寒冷前線の付近で積乱雲ができやすいのはなぜか。ページ41 ❻

⑪ 寒冷前線が通過するとき，天気はどうなるか。ただし，雨のようすと気温について答えること。
ページ42 温帯低気圧と寒冷前線，温暖前線

⑫ 夏の前後に，日本付近で停滞前線ができるのはなぜか。ただし，気団名を２つ使うこと。
ページ42 停滞前線と気団

⑬ 北の空で，北極星がほとんど動いていないように見えるのはなぜか。ページ43 ❼

⑭ 夏と冬で南中高度が異なるのはなぜか。ページ44 季節の変化

⑮ 恒星とは，どのような天体か。ページ45 ❶

⑯ 太陽の黒点が黒く(暗く)見えるのはなぜかページ46 太陽の観察

⑰ 金星が大きく満ち欠けをし，真夜中に観察できないのはなぜか。ページ46 金星の見え方

⑱ 金星の見かけの大きさが大きく変わるのはなぜか。ページ46 金星の見え方

答え合わせをする前に…

ヒントを見ないで解いた問題も，ヒントを見て自分の答えが合っていそうかどうか，確認してみましょう。もしかしたら，間違ったことを覚えてしまっているかもしれません。

答え合わせをするときは…

成績アップの秘訣は，丸付けを正確に行うことです。
特に，間違っているものを誤って丸にしてしまうことがないように注意してください。
なぜなら，もしそれをテストで書けば間違いになってしまうのですから…
１文字１文字，じっくり見ながら丸付けをしていきましょう。
あせる必要はありません。
何度も繰り返し練習していけば，必ず暗記できるようになります。
まずは基礎力をしっかりつけて，１歩ずつ進んでいきましょう。

答え合わせを快適に進めたい人は…

正答部分をキリトリ線で本体から切り取ってください。
その際，**ホチキスなどで切り取った正答部分をひとまとめにして，絶対になくさない**ようにしてください。

正 答

・( )内は，解答欄に記載されているものや省略可能なものを示します。
・〔 〕内は，別解を示します。下線部分と置きかえが可能です。
・計算問題では式も示してあります。「～より，」の後が正答です。

1 物理分野(1)

❶光源　❷反射　❸反射(の法則)　❹屈折
❺全反射　❻焦点　❼実像　❽虚像
❾音源　❿空気　⓫(約) 340 (m/s)
⓬振幅　⓭振動数　⑭Hz (・)ヘルツ

2 物理分野(2)

❶弾性(の)力　❷摩擦(の)力
❸比例(の関係)　④80g÷100gより，0.8(N)
⑤$1.4\text{cm}\times\frac{7.5\text{ N}}{2.5\text{ N}}$ より，4.2 (cm)　❻圧力
⑦$\frac{60\text{ N}}{2\text{m}^2}$ より，30 (Pa)　⑧大きくなる
⑨小さくなる　❿気圧〔大気圧〕　⓫海面
⓬大きくなる　⓭浮力　⓮浮く

3 物理分野(3)

①絶縁体〔不導体〕　❷回路
❸＋(極から)－(極)　❹直列(つなぎ)
❺等しい〔同じ〕　❻並列(つなぎ)
❼等しい〔同じ〕　❽オーム(の法則)
❾(電気)抵抗　❿電力(・)W
⑪5W×60 sより，300 (J)　⑫静電気
⑬引き合う　⓮真空放電　⓯電子
⓰－(極から)＋(極)

4 物理分野(4)

❶磁界　❷N(極から)S(極)
❸ア．多くする　イ．逆〔反対〕にする
❹電流(と)磁界　❺電磁誘導　❻誘導電流
⑦ア．右　イ．左　❽速く動かす
❾交流(電流)　❿直流(電流)

5 物理分野(5)

①つり合っている　②一直線上にあること
❸合力　❹分力
⑤$\frac{1100\text{km}}{5\text{h}}$ より，220(km/h)　❻瞬間の速さ
❼$\frac{1}{60}$ (秒)　❽0.1(秒間)　❾等速直線(運動)
❿慣性　⓫せまくなる　⓬(変化)しない
⓭作用(と)反作用

6 物理分野(6)

❶500 g÷100 gより，5(N)
❷5N×5mより，25 (J)　❸10 (m)
❹2.5 (N)　❺仕事の原理　❻仕事率
❼$\frac{25\text{J}}{25\text{s}}$ より，1(W)　⑧していない
❾位置(エネルギー)　❿比例(の関係)
⓫運動(エネルギー)　⓬比例(の関係)
⓭力学的(エネルギー)
⓮力学的エネルギーの保存

7 化学分野(1)

①目〔顔〕　❷接眼(レンズ)
③双眼実体(顕微鏡)　❹ガス(調節ねじ)
❺上皿てんびん〔電子てんびん〕
❻メスシリンダー
❼有機物　❽無機物　❾金属
⑩$\frac{8.1\text{g}}{3\text{cm}^3}$ より，2.7 (g/cm^3)
⑪2.7 g/cm^3×10cm^3より，27 (g)　⓬酸素
⓭二酸化炭素　⓮窒素　⓯アンモニア
⓰水素

8 化学分野(2)

❶状態変化　❷(変化)する　❸(変化)しない
❹ふくらむ　❺融点　❻沸点　❼蒸留
⑧二酸化炭素　⑨塩化水素　⑩出てこない
⓫溶解度　⓬飽和(水溶液)　⓭再結晶
⓮水を蒸発させる
⑮ $\dfrac{25\text{g}}{25\text{ g} + 100\text{ g}}$ × 100 より，20 (%)

9 化学分野(3)

❶原子　❷分子　❸化学式
❹化合物　❺化学(変化)
❻分解　❼水酸化ナトリウム
❽塩化コバルト紙　❾酸化　❿黒(色)
⑪燃焼　⓬還元　⓭質量保存(の法則)
⓮硫黄　⑮吸熱(反応)

10 化学分野(4)

❶陽子　❷電解質　③非電解質
❹電離　❺青(色)　❻銅　❼塩素
❽マグネシウム　❾銅板　❿ OH^-
⓫中和　⓬塩　⓭ NaCl

11 生物分野(1)

❶ウ(→)ア(→)エ(→)イ　❷子房
❸胚珠　❹花粉　❺受粉　❻種子
❼光合成　❽葉緑体　❾維管束
⑩道管　⓫気孔　⓬蒸散　⑬裏側
⓮青(色)　⓯光合成

12 生物分野(2)

❶種子(植物)　❷裸子(植物)
❸被子(植物)　❹単子葉(類)　❺ひげ根
❻双子葉(類)　❼側根　❽離弁花
❾合弁花　⑩根毛　⓫できない
⓬散らばっている　⓭2(枚)　⓮胞子
⓯維管束〔根・茎・葉の区別〕

13 生物分野(3)

❶器官　❷肺胞　③消化　❹(消化)酵素
❺加熱(する)　❻柔毛　❼肝臓　❽じん臓
⑨細胞の呼吸　❿静脈　⓫心房
⓬赤血球

14 生物分野(4)

❶虹彩　❷感覚器官　❸感覚(神経)
❹運動(神経)　❺反射　❻ウ(・)エ(・)カ
❼肉食(動物)　❽臼歯　⑨多細胞(生物)
⑩節足(動物)　⓫哺乳(類)　⓬相同器官
⓭進化

15 生物分野(5)

❶染色体
❷酢酸カーミン液〔酢酸オルセイン液〕
❸減数分裂　❹分離(の法則)
⑤有性(生殖)　❻形質　❼遺伝
❽顕性(形質)　❾Ａａ
❿ＡＡ(・)Ａａ(・)ａａ　⓫3(：)1
⓬ＤＮＡ　⓭消費者　⑭食物網

16 地学分野(1)

❶ねばりけ　②水蒸気　❸深成(岩)
❹等粒状(組織)　❺火山(岩)　❻堆積(岩)
❼粒の大きさ　❽泥　❾砂　⑩凝灰(岩)
⑪石灰(岩)　⓬示相(化石)　⓭かぎ層
⓮示準(化石)

17 地学分野(2)

❶震源　❷震央　❸初期微動　❹主要動
❺初期微動継続(時間)　❻比例(の関係)
⑦震度　⑧マグニチュード　❾プレート
❿海溝　⓫日本海側　⓬津波　⓭断層
⑭活断層　⓯しゅう曲　⓰隆起

18 地学分野(3)

❶飽和水蒸気量　❷露点　❸湿度
❹ 100(%)
⑤ア．23.1 g − 12.8 gより，10.3（g）
　イ．12.8 g − 6.8 gより，6.0（g）
　ウ．$\frac{12.8}{23.1}$ × 100より，55.4（%）
❻ア．上昇　イ．低い　ウ．膨張　エ．下がり
❼ 2 (〜) 8　❽ ⦶　❾ふいてくる(方角)

19 地学分野(4)

❶等圧線　❷低気圧　❸前線面　❹前線
❺温帯低気圧　❻寒冷前線　❼温暖前線
❽偏西風　❾小笠原(気団)　❿停滞前線
⓫西高東低　⑫台風

20 地学分野(5)

❶南中　❷日周運動　❸日の出
❹北極星　❺自転
❻ 360 度 ÷ 24 時間より，15（度）　❼地軸
❽夏至(の日)　❾公転
❿ 360 度 ÷ 12 ヶ月より，30（度）
⓫北(より)　⓬冬至(の日)

21 地学分野(6)

❶恒星　❷黒点　❸自転　❹惑星
❺できない　❻西(の空)　❼大きくなる
❽衛星　❾反時計(回り)　❿月食
⓫日食　⓬ (●→) ◐ (→) ○ (→) ◑

22 いろいろな計算問題

物理分野

① 10㎝×2より，20（㎝）

② 340m/s×5s÷2より，850（m）

③ 250 g÷100 gより，2.5（N）

④ $\frac{500g \div 100g}{0.1m \times 0.1m} = \frac{5N}{0.01m^2}$ より，500（Pa）

⑤ 5㎝×$\frac{5N}{2N}$より，12.5（㎝）

⑥ 5N－2Nより，3（N）

⑦ 0.2A×$\frac{15V}{5V}$より，0.6（A），

$\frac{5V}{0.2A}$より，25（Ω）

⑧ $\frac{100V}{25\Omega+25\Omega}$より，2（A）

⑨ $\frac{100V}{25\Omega} + \frac{100V}{25\Omega}$より，8（A）

⑩ 100V×4Aより，400（W），

400W×300 sより，120000（J）

⑪ $\frac{1}{50}$ s×5打点より，0.1（秒）

$\frac{5㎝}{0.1s}$より，50（cm/s）

⑫ $\frac{1}{60}$ s×9打点より，0.15（秒）

⑬ 5N×5mより，25（J）

⑭ どちらも5N÷2より，2.5（N）

⑮ 2.5N×10mより，25（J），

$\frac{25J}{50s}$より，0.5（W）

⑯ 15J×$\frac{2m}{3m}$＝10J，

15J－10Jより，5（J）

化学分野

① $\frac{10.8g}{4cm^3}$より，2.7（g/cm³）

② 7.87g/cm³×10cm³より，78.7（g）

③ 63.9g－22gより，41.9（g）

④ $\frac{20g}{80g+20g}$×100より，20（%）

⑤ 25%は食塩の質量なので，水の質量は75%である。100g×0.75より，75（g）

⑥ 5cm³÷2より，2.5（cm³）

⑦ 5g－4gより，（酸素）1（g），

5g×$\frac{10g}{4g}$より，（酸化銅）12.5（g）

⑧ 4g＋0.3g－3.2gより，1.1（g）

⑨ $\begin{cases} x + y = 7\,g \\ \frac{5}{4}x + \frac{5}{3}y = 10\,g \end{cases}$ より，

（銅）4（g），（マグネシウム）3（g）

生物分野

① 10×40より，400（倍）

② 2.8mL－0.7mLより，2.1（mL）

③ 3（：）1

④ 1（：）1

地学分野

① $\frac{90km}{13s}$＝6.92…より，6.9（km/s）

② $\frac{190km}{50s}$より，3.8（km/s）

③ 8s×$\frac{100km}{40km}$より，20（秒）

④ 2地点の差からP波の速さが$\frac{35km}{5s}$＝7km/sだとわかる。70km地点まで$\frac{70km}{7km/s}$＝10秒かかったことより，13（時）15（分）4（秒）

⑤ 30.4g－17.3gより，13.1（g）

⑥ 20（℃）

⑦ 17.3g－7.9gより，9.4（g）

⑧ $\frac{17.3g}{30.4g}$×100＝56.90…より，56.9（%）

⑨ 日の出から日の入りまで13時間である。日の出から南中までは13時間÷2＝6時間30分であることより，11（時）40（分）

⑩ 360度÷24時間より，15（度）

⑪ 45度÷15度より，3（時間）

⑫ 地球の自転は1時間で15度である。公転によって西にずれた30度を戻すには，30度÷15度＝2時間早く観察すればよいので，21時－2時間より，19（時）

23 いろいろな論述問題

物理分野

①物体の上面にはたらく水圧よりも下面にはたらく水圧の方が大きいから。
②コイルのまわりの磁界が変化するから。
③向きや強さが周期的(しゅうきてき)に入れかわる電流のこと。
④進行方向と同じ向きに力がはたらくから。
⑤斜面に平行な分力と斜面に垂直な分力に分解される。

化学分野

①白く濁(にご)る。
②水に溶けやすく，空気より軽い性質。
③液体を沸騰(ふっとう)させて気体にし，それをまた液体にして集める方法。
④温度が一定になる部分があるかないかの違い。
⑤２種類以上の元素からできている物質。
⑥水に電流を流しやすくするため。
〔純粋(じゅんすい)な水は電流を流さないから。〕
⑦発生した水〔液体〕が加熱部に流れこんで試験管が割れるのを防ぐため。
⑧銅粉を完全に酸化させるため。
⑨酸化物から酸素をとり去る化学変化。
⑩水に溶かすとその水溶液に電流が流れる〔電離(でんり)する・陽イオンと陰イオンに分かれる〕物質。
⑪酸性とアルカリ性の水溶液を混(ま)ぜることで互(たが)いの性質を打ち消す反応。
⑫銅が付着(ふちゃく)する。

生物分野

①葉緑体がないから。
②光合成により，二酸化炭素が減ったから。
③気孔(きこう)をふさぐため。
④水面からの水の蒸発(じょうはつ)を防ぐため。
⑤(子房(しぼう)がなく)胚珠(はいしゅ)がむき出しになっている植物。
⑥表面積が大きくなり，水や水に溶けた養分の吸収の効率がよくなる点。
⑦どの葉にも日光があたるようにするため。
⑧大きな分子の物質を小さな分子の物質に分解するはたらき。
⑨だ液はヒトの体温くらいの温度でよくはたらくから。
〔だ液がはたらきやすい温度にするため。〕
⑩表面積が大きくなり，養分の吸収の効率がよくなる点。
⑪肝臓(かんぞう)で尿素(にょうそ)に変えられ，じん臓で尿となり，体外に排出される。
⑫血液の逆流を防ぐため。
⑬酸素の多いところでは酸素と結びつき，酸素の少ないところでは酸素をはなす性質。
⑭視野が広く，敵を見つけやすい点。
⑮レンズに入る光の量を調節する。
⑯生殖(せいしょく)細胞をつくるときに，染色体の数が半分になる分裂。
⑰細胞どうしを離れやすくするため。

地学分野

①マグマが地下深くでゆっくり冷え固まってできる。
②流水のはたらきによって角がけずられるため。
③深くなっていった。
④震源の真上の地表地点。
⑤ある地点でのゆれの程度。
⑥地震の規模〔地震そのもののエネルギーの大きさ〕を表す数値。
⑦水の温度を室温と同じにするため。
⑧湿球の球部にまかれたガーゼから水が蒸発するときに熱をうばっていくから。
⑨まわりより気圧が高いところ。
⑩寒気が暖気を押し上げながら進むから。

⑪激しい雨がせまい範囲に短時間降り，気温が急に下がる。
⑫オホーツク海気団と小笠原気団の勢力がほぼ同じになるから。
⑬北極星が地軸(ちじく)の延長線付近にあるから。
⑭地球が，地軸を公転面に対して一定の角度に傾けたまま公転しているから。
⑮自ら光を出している天体。
⑯まわりよりも温度が低いから。
⑰金星が地球よりも太陽に近いところを公転するから。〔金星が内惑星だから。〕
⑱地球と金星との距離が大きく変わるから。

入試問題に挑戦！

1 (1)①ウ　②イ　③ア
(2)①エ　②オ
(3)①ウ　②イ

2 (1)$HCl+NaOH \rightarrow NaCl+H_2O$
(2)X．水酸化物　Y．中和
(3)イ
(4)A，B

3 問1．右心房
問2．ア
問3．①あ　②い　③あ
問4．X．横隔膜　Y．ろっ骨
問5．エ

4 1．衛星
2．(1)A　(2)カ　(3)ウ
3．エ